"十三五"职业教育规划教材

高职高专土建专业"互联网+"创新规划教材

U0347608

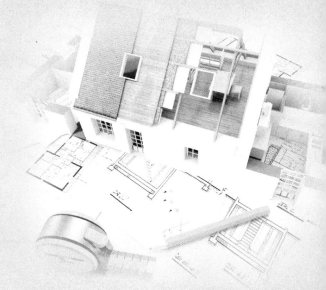

第三版

建筑工程测量实验与实训指导

主　编◎张敬伟　马华宇

副主编◎王　伟　张文明

参　编◎魏华洁　杭　芬　陈春红

北京大学出版社

PEKING UNIVERSITY PRESS

内 容 简 介

本书根据中华人民共和国住房和城乡建设部印发的对"建筑工程测量"课程的教学基本要求编写。全书共分5章及5个附录，包括测量实验、实习与实训须知，测量实验指导，测量实习指导，测量放线实训指导，数字化测图技术，综合应用案例，《建筑工程测量》测试题，测量实习记录表格、测量实验记录表格和测量放线实训成果报告表。

本书是与《建筑工程测量（第三版）》配套使用的辅助教材。在上建筑工程测量实验、实习与实训课时，应先仔细阅读本书中测量实验、实习与实训须知和测量实验指导，实验、实习与实训时将测量数据记录在相应的表格中。

本书可作为建筑工程、建筑学、建筑装饰、村镇规划、工程监理、隧道工程、市政工程、给水与排水、供热与通风、工程管理等专业的教学用书，也可作为相关专业技术人员的参考资料。

图书在版编目（CIP）数据

建筑工程测量实验与实训指导/张敬伟，马华宇主编. —3版. —北京：北京大学出版社，2018.1
（高职高专土建专业"互联网+"创新规划教材）
ISBN 978-7-301-29112-2

Ⅰ. ①建… Ⅱ. ①张…②马… Ⅲ. ①建筑测量—高等职业教育—教材 Ⅳ. ①TU198

中国版本图书馆 CIP 数据核字（2017）第 328572 号

书　　　名	建筑工程测量实验与实训指导（第三版）
	JIANZHU GONGCHENG CELIANG SHIYAN YU SHIXUN ZHIDAO
著作责任者	张敬伟　马华宇　主编
策 划 编 辑	杨星璐
责 任 编 辑	赵思儒　杨星璐
数 字 编 辑	贾新越
标 准 书 号	ISBN 978-7-301-29112-2
出 版 发 行	北京大学出版社
地　　　址	北京市海淀区成府路 205 号　100871
网　　　址	http://www.pup.cn　新浪微博：@北京大学出版社
电 子 信 箱	pup_6@163.com
电　　　话	邮购部 62752015　发行部 62750672　编辑部 62750667
印 刷 者	河北滦县鑫华书刊印刷厂
经 销 者	新华书店
	787 毫米×1092 毫米　16 开本　12.5 印张　204 千字
	2009 年 8 月第 1 版　2013 年 9 月第 2 版
	2018 年 1 月第 3 版　2018 年 1 月第 1 次印刷（总第 11 次印刷）
定　　　价	29.00 元

本书为高职高专"建筑工程测量"课程配套的实验、实习及实训指导书，它是根据最新修编的建筑工程测量教学大纲及建筑工程测量教学实习大纲内容，结合《建筑工程测量(第三版)》编写的。本书第一版自 2009 年 8 月出版以来，受到广大师生的好评。2013 年 9 月结合行业及教学的发展情况，以及来自全国各地师生的使用意见和建议，对第一版进行了修订，在第一版的基础上增加了"第 4 章　测量放线实训指导"和对应的"附录 E　测量放线实训成果报告表"，更贴近高职高专教学要求。本次修订，在前两版的基础上，修订了错漏及不足，并将原"第 5 章　全站仪及其基本操作"及原"第 6 章　GPS 及其基本操作"的内容删除，更方便教学。

测量实验与实习须知是向学生系统地介绍实验和实习前应做的准备工作，实验和实习过程中正确使用测量仪器工具的有关规定和注意事项，以培养学生爱护测量仪器和工具的观念，预防实验过程中出现问题。

测量实验指导是印证理论知识和培养学生动手能力的教学环节；实验报告与课堂作业是加深理解和培养学生计算技巧与处理成果能力的教学环节。本书共有 15 个实验，任课教师可根据学时的情况确定取舍。为便于教学，各实验与作业的内容基本按《建筑工程测量(第三版)》的章节顺序编排，每个实验包括目的和要求、准备工作、实验方法和步骤、注意事项及实验报告。

测量实习指导是测量理论教学、实际操作及计算技巧等综合训练，培养能力和实践性理念的教学环节。这部分分为测量实习计划和测量实习技术指导。其中，测量实习的主要内容有：大比例尺地形图测绘、地形图应用、施工放样及精密仪器见习等项目。通过测量综合实习可将各项内容进一步系统化，以培养学生运用所学知识分析和解决实际问题的能力，还可以训练学生基本的工程能力。

第 5 章加入了数字化测图技术内容。这是对《建筑工程测量(第三版)》内容的补充和完善，并可起到开阔学生眼界、增加学生新知识的作用。

附录 A 是××公司办公大楼工程施工测量方案综合案例，附录 B 是测试题，加入这两部分内容的目的是训练学生对理论的综合实训能力、测试学生对理论知识的理解能力，也可作为教师测试教学效果的手段之一。

附录 C 是测量实习记录表格，这部分表格是供学生在进行测量实习时与实习内容配套使用的。

附录 D 是专为测量实验配套使用的表格，每个表格与测量实验指导部分是相对应的。

附录 E 是测量放线实训成果报告表，这部分表格是供学生在实训时配套使用的。

本书由河南建筑职业技术学院张敬伟、马华宇任主编，河南建筑职业技术学院王伟、张文明任副主编，河南建筑职业技术学院魏华洁、杭芬、陈春红参编。本书具体编写分工为：张敬伟编写了第 1 章、第 2 章、第 3 章、附录 B、附录 C、附录 E；张文明编写了第 4 章；马华宇编写了第 5 章；杭芬、王伟、陈春红编写了附录 A；魏华洁编写了附录 D。全书由张敬伟统稿。

由于时间所限，书中仍有可能存在不足之处，欢迎读者批评指正。意见及建议可发送至 1021126352@qq.com。

编　者

2017 年 9 月

【资源索引】

目 录

第1章 测量实验、实习与实训须知

1.1 实验、实习与实训规则

1. 目的与要求

测量实验的目的：一方面使学生验证和巩固课堂教学的理论知识；另一方面使学生熟悉测量仪器的构造和使用方法，真正完成理论与实践相结合的过程，使学生增强感性认识，培养学生进行测量操作的基本技能，并通过实验报告与课堂作业加深对教学内容的理解，加强学生的数据计算和处理测量成果的能力。

测量实习则是进一步贯彻理论联系实际的原则，使学生接受一次系统性的测量实践训练。其具体目的与要求，详见第 3 章。

测量放线实训是学生顶岗实习之前增加的一项实训项目、目的是增强测量知识的理解、熟练掌握各种常用仪器的使用方法，结合全站仪等进行数据采集绘图、放样等工作。其具体要求详见第 4 章。

2. 准备工作

实验、实习与实训之前，学生必须复习教材中的有关内容，并认真预习《建筑工程测量实验与实训指导》的相关内容，明确实验、实习与实训的目的、要求、方法步骤及注意事项，以便顺利地按时完成任务。

3. 实验、实习与实训的组织

实验、实习与实训应分组进行。组长负责本组的全面组织协调工作。所用仪器、物品，应以小组为单位，由组长(或指定专人)负责向仪器室领借，办理领借和归还手续。实习所用仪器的种类及数目，应清点清楚，如有不符或缺损，应及时向发放人员说明，做好书面记录，以分清责任。

4. 实验、实习与实训的纪律及作业要求

(1) 实验、实习与实训是十分重要的实践性教学环节，每个学生都必须严肃、认真地负责和操作，不得马虎潦草。在实习中，应积极发扬团结协作精神、服从组长分配工作，并积极负责完成。如暂未轮到或未被分配到具体工作，也应注意别人操作，不得在旁边嬉笑打闹或做与实验无关的事情。

(2) 实验、实习与实训应在规定的时间和地点进行，学生不得无故缺席或迟到、早退，不得擅自改变地点或离开现场。

(3) 各小组借用的仪器工具均应注意妥善保管。整个实习过程中，应认真遵守《仪器与工具使用须知》。未经指导老师许可不得转借或调换，若发现有损坏、遗失，应立即向指导老师报告，按有关规定处理。

(4) 在实验、实习与实训中，应严格遵守群众纪律，如遇有群众要求看仪器或询问时，应尽量解释，不应态度生硬，以免发生误会或冲突。

(5) 实验、实习与实训结束时，应提交书写工整、规范的实验报告或实习记录，并经指导老师检查同意后，方可收验仪器并结束工作。

1.2　仪器与工具使用须知

(1) 携带仪器时，应注意检查仪器箱是否关紧、锁好，拉手、背带是否牢固。要轻拿、轻放，以免使其碰撞、振动或背起时滑落、摔坏。

(2) 开箱时，应注意仪器箱是否放置平稳；开箱后，应记清仪器在箱内的安放位置，以便按原样放回，要轻取、轻放。取出后立即盖上箱盖，实习中不用的仪器，不要挪动。

(3) 提仪器时，应先松开各制动螺旋，再用手握住仪器坚实部位，轻拿、轻放，切勿用手提望远镜，以免损坏各部位之间的连接。关好仪器箱，严禁在箱上坐人。

(4) 仪器放入箱内时，应先松开制动螺旋，至各部位放妥后，再扭紧制动螺旋。关箱时不能强压，关箱后应及时加锁。

(5) 将仪器安于三脚架之前，要注意架腿高度应适当，拧紧架腿螺旋。安置时，应双手握紧仪器及下盘，放平后一手扶持仪器，一手拧紧连接螺旋，注意装置牢固，但不应过紧。

(6) 仪器搬站时，对于长距离的平坦地段，应将仪器装箱，再进行搬动；在短距离的平坦地段，应先检查连接螺旋是否旋紧，松开各部分制动螺旋，再收拢脚架，一手握仪器基座及支架，一手握脚架，面对仪器前进，以免碰伤仪器。严禁横扛仪器搬移。

(7) 在使用过程中，人不得离开仪器。严禁无人看管和将仪器靠在墙边或树上，以防跌损；严禁将水准尺、标杆倚在树上、电线杆上或仪器上，应使其离开仪器平放。

(8) 在使用过程中，各制动螺旋勿扭之过紧，免致损坏；各微动螺旋勿扭至极端，各校正螺旋扭动时应用大小、厚薄合适的螺钉旋具或校正针拧至松紧适度，以免损伤。

(9) 转动仪器任何部位时，均应先松开制动螺旋，不得用力猛转，动作要准确、轻捷，用力要均匀。某部分转动不灵时，不得硬扳。

(10) 严禁用手或粗布触试镜头、度盘与游标，以免污损；严禁随意拆卸仪器。

(11) 使用仪器应防止日晒和风尘，需撑伞遮阳、遮风和遮雨。严禁仪器被日晒雨淋，大风沙天气应停止使用，并及时装箱。

(12) 使用钢尺应防压、防扭且防潮湿，用后应擦净涂油，卷入盒内。不可用强力猛拉钢尺，以免扯断。皮尺应注意防潮。

(13) 水准尺、标杆禁止横向受力，以防弯曲变形，不得坐压水准尺与标杆或使用其抬东西。所有测量仪器工具严禁抛掷或用其打闹玩耍。

1.3 测量记录要求

(1) 所有观测成果均须用绘图铅笔(2H～3H)当场认真记入手簿内，不得另外用纸记载，再行转抄。

(2) 记录字体应端正清晰，用稍大于格高一半的斜体工程字填写，留出空隙作改正错误用，不得潦草，不准用红铅笔或红墨水笔。

(3) 记录者应在记完数字后，再向观测者复诵一遍，以免听错、记错。记录数字如有错误，不得用橡皮擦拭或涂改，应用一斜线划去错误部分，在原字上方补记或另行记录正确数字，并在备注栏内注明错误原因。

(4) 记录数字精确度要标准，不得省略"零"位。如水准尺读数为1.300，度盘读数为150°00′00″、127°02′06″中的"0"均应填写。

(5) 按四舍六入、五前单进双不进的取数规则进行计算，如数字1.2335和1.2345均取值1.234。

(6) 记录或实习报告应妥善保管，不得损毁或丢弃，以便考核成绩。若某页记错太多或此实习重做时，该页记录不可撕去，应用大字写"作废"字样并保留。

第2章 测量实验指导

　　本章按照《建筑工程测量(第三版)》一书授课内容的先后顺序，共列出 15 个教学实验供学生实验时使用，教师可根据教学需要、实验设备条件及学时的多少有选择地安排实验内容，一般每个实验约需两学时。学生在实验前应认真预习实验指导书的相关内容，以便按时、顺利地完成实验内容。

2.1 水准仪的使用

【水准测量仪器的部件的作用以及使用注意事项】

1. 目的与要求

(1) 了解 DS$_3$ 型水准仪的基本构造，认清其主要部件的名称及作用。

(2) 练习水准仪的安置、瞄准与读数的操作，增强感性认识并培养动手能力。

(3) 测定地面两点之间的高差。

2. 仪器和工具

DS$_3$ 型水准仪(1 台)、水准尺(1 把)及记录本(1 本)。

3. 方法和步骤

(1) 安置仪器。将脚架张开，使其高度适当，架头大致水平，并将架腿的尖脚踩入土中。再开箱取出仪器，将其固连在三脚架上。

(2) 认识仪器。指出仪器各部件的名称，了解其作用并熟悉其使用方法，同时弄清水准尺的分划与注记。

(3) 粗略整平。先用双手同时向内(或向外)转动一对脚螺旋，使圆水准器气泡移动至中间，再转动另一只脚螺旋使圆气泡居中，通常需反复进行。注意气泡移动的方向与左手拇指或右手食指运动的方向一致。

(4) 瞄准水准尺、精平与读数。

① 瞄准。甲将水准尺立于某地面点上，乙松开水准仪制动螺旋，用准星和照门粗略瞄准水准尺，固定制动螺旋，用微动螺旋使水准尺位于视场中央。

转动目镜对光螺旋进行对光，使十字丝分划清晰，再转动物镜对光螺旋看清水准尺影像。

转动水平微动螺旋，使十字丝竖丝靠近水准尺一侧，若存在视差，则应仔细进行物镜对光予以消除。

② 精平。转动微倾螺旋使附合水准器气泡两端的影像吻合(即呈一圆弧状)。

③ 读数。用中丝在水准尺上读取 4 位读数，即米、分米、厘米及毫米位。读数时，应先估读出毫米数，然后按米、分米、厘米，依次读出 4 位数。

(5) 测定地面两点之间的高差。

① 在地面上选定 A、B 两个较坚固的点，做上标志。

② 在 A、B 两点之间安置水准仪，使仪器至 A、B 两点的距离大致相等。

③ 竖立水准尺于点 A 上。瞄准点 A 上的水准尺，精平后读数，此为后视读数，记入表中测点 A 一行的后视读数栏下。

④ 再将水准尺立于点 B。瞄准点 B 上的水准尺，精平后读取前视读数，并记入表中测点 B 一行的前视读数栏下。

⑤ 计算两点 A、B 的高差：

$$h_{AB}=后视读数-前视读数$$

4. 记录格式

请填写实验报告 1，见附录 D。

5. 识别下列部件并写出它们的功能

部 件 名 称	功 能
准星和照门	
目镜对光螺旋	
物镜对光螺旋	
制动螺旋	
微动螺旋	
微倾螺旋	
脚螺旋	
圆水准器	
管水准器	

2.2 水准测量

1. 目的与要求

(1) 练习等外水准测量的观测、记录、计算与检核的方法。

由一个已知高程点 BM_0 开始, 经待定高程点 TP_1、TP_2、TP_3, 进行闭合水准路线测量, 求出待定高程点 TP_1、TP_2 及 TP_3 的高程。

(2) 实验小组由 5 人组成: 一人观测、一人记录、一人打伞、两人扶尺。

2. 仪器和工具

DS$_3$ 型水准仪(1 台)、水准尺(2 把)、尺垫(2 个)、记录本(1 本)及伞(1 把)。

3. 方法和步骤

(1) 在地面选定 TP_1、TP_2 及 TP_3 3 个坚固点作为转点, BM_0 为已知高程点, 其高程值由教师提供。安置仪器于点 BM_0 和转点 TP_1(放置尺垫)之间, 目估前、后视距离大致相等, 进行粗略整平和目镜对光。测站编号为 1。

(2) 后视 BM_0 点上的水准尺, 精平后读取后视读数 a_1, 记入手簿。

(3) 前视 TP_1 点上的水准尺, 精平后读取前视读数 b_1, 记入手簿。

(4) 计算高差: 高差=后视读数-前视读数。

(5) 迁站至第二站继续观测。沿选定的路线, 将仪器迁至点 TP_1 和点 TP_2 的中间, 仍用第一站施测的方法, 后视点 TP_1, 前视点 TP_2, 依次连续设站, 经过点 TP_3 连续观测, 最后仍回至点 BM_0。

(6) 计算待定点初算高程。根据已知高程点 BM_0 的高程和各点间的观测高差计算 TP_1、TP_2、TP_3 及 BM_0 4 个点的初算高程。

(7) 计算检核。后视读数之和减去前视读数之和应等于高差之和, 也等于终点高程与起点高程之差。

(8) 观测精度检核。计算高差闭合差及高差闭合差容许值, 如果小于容许值, 则观测合格; 否则, 超过容许值, 应重测。

4. 注意事项

(1) 在每次读数之前, 应使管水准器气泡严格居中, 并消除视差。

(2) 应使前、后视距离大致相等。

(3) 在已知高程点和待定高程点上不能放置尺垫。转点用尺垫时, 应将水准尺置于尺垫半圆球的顶点上。

(4) 尺垫应踏入土中或置于坚固地面上, 在观测过程中不得碰动仪器或尺垫, 迁站时应保护前视尺垫不得移动。

(5) 水准尺必须扶直, 不得前、后、左、右倾斜。

5. 记录格式

请填写实验报告 2, 见附录 D。

2.3 微倾式水准仪的检验与校正

【水准仪的使用方法及保养方法】

1. 目的与要求

(1) 了解微倾式水准仪各轴线间应满足的几何条件。

(2) 掌握微倾式水准仪检验与校正的方法。

(3) 要求检校后的 i 角不得超过 $20''$，其他条件检校到无明显偏差为止。

2. 仪器和工具

DS_3 型水准仪(1 台)、水准尺(2 把)、皮尺(1 把)、木桩(或尺垫)(2 个)、斧(1 把)、拨针(1 枚)及螺钉旋具(1 把)。

3. 方法和步骤

(1) 一般性检验。

安置仪器后，首先检验三脚架是否牢固，制动和微动螺旋、微倾螺旋、对光螺旋及脚螺旋等是否有效，望远镜成像是否清晰。

(2) 圆水准器轴应平行于仪器竖轴的检验与校正。

检验。转动脚螺旋，使圆水准器气泡居中，将仪器绕竖轴旋转 180°以后，如果气泡仍居中，说明此条件满足；如果气泡偏出分划圈之外，则需校正。

校正。先稍旋松圆水准器底部中央的固定螺钉，然后用拨针拨动圆水准器校正螺钉，使气泡向居中方向退回偏离量 1/2，再转动脚螺旋使气泡居中，如此反复检校，直到圆水准器转到任何位置时，气泡都在分划圈内为止。最后旋紧固定螺钉，如图 2.1、图 2.2 所示。

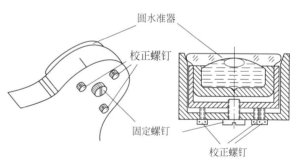

图 2.1 圆水准器校正示意图

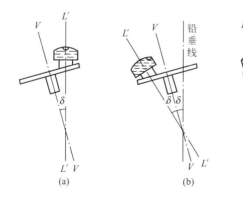
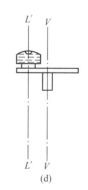

图 2.2 圆水准器校正原理图

(3) 十字丝横丝应垂直于仪器竖轴的检验与校正。

检验。用十字丝交点瞄准一明显的点状目标 P,转动微动螺旋,若目标点始终不离开横丝,说明此条件满足,否则需校正。

校正。旋下十字丝分划板护罩(有的仪器无护罩),用螺钉旋具旋松分划板座 3 个固定螺钉,转动分划板座,使目标点 P 与横丝重合。反复检验与校正,直到条件满足为止。最后将固定螺钉旋紧,并旋上护罩,如图 2.3 所示。

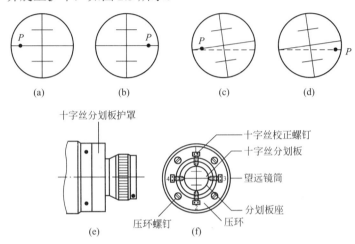

图 2.3 十字丝分划板示意图

(4) 视准轴平行于水准管轴的检验与校正。

检验。在 C 处安置水准仪,用皮尺从仪器向两侧各量距约 40m,定出等距离的 A、B 两点,打桩或放置尺垫。用变动仪器高(或双面尺)法测出 A、B 两点的高差,如图 2.4 所示。当两次测得的高差之差不大于 3mm 时,取其平均值作为最后的正确高差,用 h_{AB} 表示。

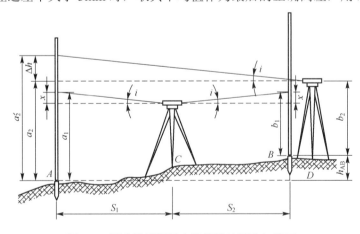

图 2.4 视准轴平行于水准管轴的检验与校正

再安置仪器于点 B 附近 3m 左右的 D 处,瞄准 B 点水准尺,读数为 b_2,再根据 A、B 两点的正确高差算得 A 点尺上应有的读数 $a_2=h_{AB}+b_2$,与在 A 点尺上的实际读数 a_2' 比较,得到误差为 $\Delta h=a_2'-a_2$,由此计算角值为:

$$i = \frac{\Delta h}{D_{AB}} \rho$$

式中，$\rho = 206265''$，D_{AB} 为 A、B 两点之间的距离。

校正。转动微动螺旋，使十字丝的中横丝对准 A 点尺上应有的读数 a_2，这时管水准器气泡不居中，用拨针拨动管水准器一端上、下两个校正螺钉，使气泡居中。在松紧上、下两个校正螺钉前，先稍微旋松左、右两个校正螺钉，校正完毕，再旋紧。反复检校，直至 $i \leq 20''$ 为止，如图 2.5 所示。

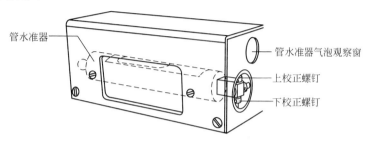

图 2.5　管水准器校正

4．注意事项

(1) 检校仪器时必须按上述的规定顺序进行，不能颠倒。

(2) 校正用的工具要配套，拨针的粗细与校正螺钉的孔径要相适应。

(3) 拨动校正螺钉时，应先松后紧，松紧适当。

5．记录格式

请填写实验报告 3，见附录 D。

2.4 经纬仪的构造与使用

【经纬仪的使用方法】

1. 目的与要求

(1) 了解 DJ$_6$ 型经纬仪的基本构造及其主要部件的名称及作用。

(2) 练习经纬仪对中、整平、瞄准与读数的方法，并掌握基本操作要领。

(3) 要求对中误差小于 3mm，整平误差小于一格。

2. 仪器和工具

DJ$_6$ 型经纬仪(1 台)、木桩(1 个)、斧(1 把)及伞(1 把)。

3. 方法和步骤

(1) 对中。

① 在地面打一木桩，桩顶钉一小钉或十字作为测站点。

② 松开三脚架，安置于测站上，高度适当，架头大致水平。打开仪器箱，双手握住仪器支架，将仪器取出，置于架头上。一手紧握支架，一手拧紧连接螺旋。

③ 挂上垂球，平移 3 个架脚，使垂球尖大致对准测站点，并注意架头水平，踩紧三脚架。稍松连接螺旋，两手扶住基座，在架头上平移仪器，使垂球尖端准确对准测站点，再拧紧连接螺旋。

(2) 整平。

松开水平制动螺旋，转动照准部，使管水准器平行于任意一对脚螺旋的连线，两手同时向内(或内外)转动此两只脚螺旋，使气泡居中。将仪器绕竖轴转动 90°，使管水准器垂直于原来两脚螺旋的连线，转动第三只脚螺旋，使气泡居中。如此反复调试，直至仪器转到任何方向，气泡中心不偏离管水准器零点一格为止。

(3) 瞄准。

① 将望远镜对着天空(或白净墙面)，转动目镜使十字丝清晰。

② 用望远镜上的概略瞄准器瞄准目标，再从望远镜中观看，若目标位于视场内，可固定望远镜制动螺旋和水平制动螺旋。

③ 转动物镜对光螺旋使目标影像清晰后，再调节望远镜和照准部微动螺旋，用十字丝的纵丝平分目标(或将目标夹在双丝中间)。

④ 眼睛微微左右移动，检查有无视差，若有，应转动物镜及目镜对光螺旋予以消除。

(4) 读数。

① 打开进光窗，调节反光镜使读数窗亮度适宜。

② 旋转读数显微镜的目镜，使度盘及分微尺的刻划线清晰，并区别水平度盘与竖盘读数窗。

③ 读取位于分微尺上的度盘刻划线所注记的度数，从分微尺上读取该刻划线所在位置的分数，估读至 0.1′(即 6″的整倍数)。

④ 盘左瞄准目标，读出水平度盘读数，纵转望远镜，盘右再瞄准该目标读数，两次读数之差约为 180°，以检核瞄准和读数是否正确。

4. 记录格式

请填写实验报告 4，见附录 D。

2.5 测回法测量水平角

1. 目的与要求

(1) 掌握测回法测量水平角的方法、记录及计算。

(2) 每人对同一角度观测一测回，上、下半测回角值之差不得超过±40″，各测回角值互差不得大于±24″。

2. 仪器和工具

经纬仪(1 台)、记录本(1 本)、伞(1 把)及标杆(2 个)。

3. 方法和步骤

(1) 每组选一测站点 B 安置仪器，对中、整平后，再选定 A、C 两个目标，如图 2.6 所示。

(2) 如果度盘变换器为复式，盘左转动照准部使水平度盘读数略大于零，将复测扳手扳向下，瞄准 A 目标，将扳手扳向上，读取水平度盘读数 a_1，记入手簿。如为拨盘式度盘变换器，应先瞄准目标 A，后拨度盘变换器，使读数略大于零。

(3) 顺时针方向转动照准部，瞄准 C 目标，读数 b_1 并记录，盘左测得 $\angle ABC$ 为

$$\beta_{左}=b_1-a_1$$

(4) 纵转望远镜为盘右，先瞄准 C 目标，读数 b_2 并记录，逆时针方向转动照准部，瞄准 A 目标，读数 a_2 并记录，盘右测得 $\angle ABC$ 为

$$\beta_{右}=b_2-a_2$$

(5) 若盘左、右两个半测回角值之差不大于40″，则计算一测回角值为

$$\beta=\frac{1}{2}\left(\beta_{左}+\beta_{右}\right)$$

(6) 观测第二测回时，应将起始方向 A 的度盘读数安置于 90°附近，各测回角值互差不超过±24″，计算其平均值为第二测回角值。

图 2.6 水平角观测

4. 记录格式

请填写实验报告 5，见附录 D。

2.6 全圆方向法测量水平角

1. 目的与要求

(1) 练习全圆方向观测法观测水平角的操作方法、记录和计算。

(2) 半测回归零差不得超过±18″。

(3) 各测回方向值互差不得超过±24″。

2. 仪器和工具

经纬仪(1 台)、木桩(1 个)、记录本(1 本)、斧(1 把)及伞(1 把)。

3. 方法和步骤

(1) 在测站点 O 安置仪器,对中、整平后,选定 A、B、C、D 4 个目标。

(2) 盘左瞄准起始目标 A,并使水平度盘读数略大于零,读数并记录。

(3) 顺时针方向转动照准部,依次瞄准 B、C、D、A 各目标,分别读取水平度盘读数并记录,检查归零差是否超限。

(4) 纵转望远镜盘右,逆时针方向依次瞄准 A、D、C、B、A 各目标,读数并记录,检查归零差是否超限。

(5) 计算:

① 同一方向两倍视准轴误差 2C=盘左读数-(盘右读数±180°)。

② 各方向的平均读数 = $\frac{1}{2}$[盘左读数+(盘右读数±180°)]。

③ 将各方向的平均读数减去起始方向的平均读数,即得各方向的归零方向值。

(6) 观测第二测回时,起始方向的度盘读数安置于 90°附近。各测回同一方向归零方向值的互差不超过±24″,取其平均值,作为该方向的结果。

4. 注意事项

(1) 应选择远近适中、易于瞄准的清晰目标作为起始方向。

(2) 方向数只有 3 个时,可以不归零。

5. 记录格式

请填写实验报告 6,见附录 D。

2.7 竖直角测量与竖盘指标差的检验

1. 目的与要求

(1) 练习竖直角观测的操作、记录及计算方法。

(2) 了解竖盘指标差的计算方法。

(3) 同一组所测得的竖盘指标差的互差不得超过±25″。

2. 仪器和工具

经纬仪(1 台)、木桩(1 个)、记录本(1 本)、斧(1 把)及伞(1 把)。

3. 方法和步骤

(1) 在测站点 O 上安置仪器,对中、整平后,选定 A、B 两个目标。

(2) 先观察一下竖盘注记形式并写出竖直角的计算公式:盘左将望远镜大致放平,观察竖盘读数,然后将望远镜慢慢上仰,观察读数变化情况,若读数减小,则竖直角等于视线水平时的读数减去瞄准目标时的读数;反之,则相反。

(3) 盘左,用十字丝中横丝切于 A 目标顶端,转动竖盘指标水准管微动螺旋,使竖盘指标水准管气泡居中,读取竖盘读数 L,记入手簿并算出竖直角 α_L。

(4) 盘右,同法观测 A 目标,读取盘右读数 R,记录并算出竖直角 α_R。

(5) 计算竖盘指标差:

$$x = \frac{1}{2}(\alpha_R - \alpha_L)$$

或

$$x = \frac{1}{2}(L + R - 360°)$$

(6) 计算竖直角平均值:

$$\alpha = \frac{1}{2}(\alpha_L + \alpha_R)$$

或

$$\alpha = \frac{1}{2}(R - L - 180°)$$

(7) 同法测定 B 目标的竖直角并计算出竖盘指标差,并检查指标差的互差是否超限。

4. 注意事项

(1) 在观测过程中,对同一目标应使十字丝中横丝切准目标顶端(或同一部位)。

(2) 每次读数前应使竖盘指标管水准器气泡居中。

(3) 计算竖直角和指标差时,应注意正、负号。

5. 记录格式

请填写实验报告 7,见附录 D。

【经纬仪的使用方法及保养方法】

2.8 经纬仪的检验与校正

1. 目的与要求

(1) 了解 DJ_6 型经纬仪各主要轴线之间应满足的几何条件及检校原理。

(2) 掌握经纬仪检验与校正的操作方法。

2. 仪器和工具

经纬仪(1 台)、小钢直尺(1 把)、皮尺(1 把)、拨针(校正针)(1 枚)、螺钉旋具(1 把)、记录本(1 本)及伞(1 把)。

3. 方法与步骤

(1) 一般性检验。

安置仪器后,首先检验三脚架是否牢固,架腿伸缩是否灵活,各种制动螺旋和微动螺旋、对光螺旋及脚螺旋是否有效,望远镜及读数显微镜成像是否清晰。

(2) 照准部管水准器轴应垂直于仪器竖轴的检验与校正。

检验:将仪器大致整平,转动照准部使管水准器平行于任意一对脚螺旋的连线,转动该对脚螺旋使气泡严格居中;将照准部旋转180°,若气泡仍居中,说明条件满足,若气泡中点偏离管水准器零点超过一格,则需校正。

校正:用拨针拨动管水准器一端的校正螺钉,应先松后紧,使气泡退回偏离量的1/2,再转动脚螺旋使气泡居中。如此反复检校,直到管水准器在任何位置时气泡都无明显偏离为止。

(3) 十字丝竖丝应垂直于仪器横轴的检验与校正。

检验:用十字丝交点瞄准一清晰的点状目标 P,上、下移动望远镜,若目标点始终不离开竖丝,则该条件满足,否则需校正。

校正:旋下目镜端分划板护盖,松开 4 个压环螺钉,转动十字丝分划板座,使竖丝与目标点重合。反复检校,直到该条件满足为止。校正完毕,应旋紧压环螺钉,并旋上护盖,如图 2.7 所示。

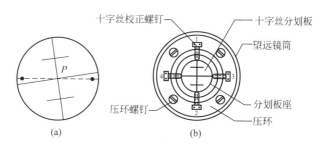

图 2.7 十字丝分划板

(4) 视准轴应垂直于横轴的检验与校正。

检验：在 O 点安置经纬仪，从该点向两侧量取 30～50m，定出等距离的 A、B 两点，如图 2.8(a)所示。于点 A 设置目标，B 点横置一根有毫米刻划的小钢直尺，尺身与 AB 方向垂直并与仪器大致同高。盘左瞄准 A 目标，固定照准部，纵转望远镜在 B 点尺上读数为 B_1；盘右再瞄准 A 目标，并纵转望远镜在 B 点尺上读数为 B_2。若 $B_1=B_2$，该条件满足。否则，按下式计算出视准轴误差 C：

$$C=\frac{B_1B_2}{4OB}\rho$$

当 $C>60''$ 时，则需校正。

校正：先在 B 点尺上的 B_1、B_2 点之间定出一点 B_3，使

$$B_2B_3=\frac{B_1B_2}{4}$$

旋下分划板护盖，用拨针拨动十字丝左、右两个校正螺钉，一松一紧，使十字丝交点与 B_3 点重合。反复检校，直到 C 角不大于 $60''$ 为止，如图 2.8(b)所示。然后，旋上护盖。

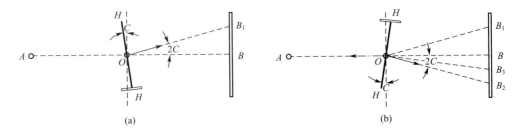

图 2.8　视准轴检校

(5) 横轴应垂直于仪器竖轴的检验与校正。

检验。在距建筑物约30m处安置仪器(用皮尺量出该距离 D)，盘左瞄准墙上一高目标点 P(竖直角大约 30°)，观测并计算出竖直角 α，再将望远镜视线大致放平，将十字丝交点投在墙上定出 P_1 点；纵转望远镜成盘右位置，同法在墙上再定出 P_2 点，若 P_1、P_2 重合，则该条件满足。否则，按下式计算出横轴误差：

$$i=\frac{P_1P_2\cot\alpha}{2D}\rho$$

当 $i>1'$ 时，则需校正。

校正。使十字丝交点瞄准 P_1P_2 的中点 P_M，固定照准部；使望远镜向上仰至视线与 P 点同高，这时，十字丝交点必然偏离 P 点。取下望远镜右支架盖板，校正偏心轴环，升、降横轴一端，使十字丝交点精确对准 P 点。反复检校，直到 i 角小于 $1'$ 为止。最后装上盖板，如图 2.9所示。

(6) 竖盘指标差的检验与校正。

检验。整平仪器，用盘左、盘右观测同一目标点 P，转动竖盘指标管水准器微动螺旋使

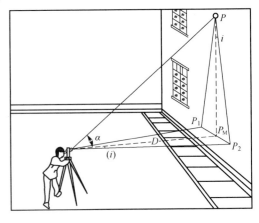

图 2.9　横轴检校

气泡居中后，读记竖盘读数 L 和 R，按下式计算竖盘指标差：

$$x = \frac{1}{2}(L+R-360°)$$

当 $x>1'$ 时，则需校正。

校正。仪器位置不变，仍以盘右瞄准原目标点 P，转动竖盘指标管水准器微动螺旋使竖盘读数为 $R-x$，这时，气泡必然偏离。用拨针拨动水准管一端的校正螺钉，使气泡居中。反复检校，直到 x 不超过 $1'$ 为止。

4. 注意事项

(1) 必须按实验步骤进行检验、校正，顺序不能颠倒。

(2) 第 5 项校正因需取下支架盖板，故该项校正应由专业维修人员进行。

5. 记录格式

请填写实验报告 8，见附录 D。

2.9 距离丈量和磁方位角的测定

1. 目的与要求
(1) 掌握钢尺量距的一般方法。
(2) 学会使用罗盘仪测定直线的磁方位角。
(3) 要求往、返丈量距离，相对误差不大于 1/3000，往、返测定磁方位角，误差不大于 1°。

2. 仪器和工具
钢尺(1 把)、罗盘仪(1 个)、标杆(3 个)、测钎(6 根)、木桩(2 个)、斧(1 把)及记录本(1 本)。

3. 方法和步骤
(1) 在地面选择相距约 100m 的 A、B 两点，打下木桩，桩顶钉一小钉或画十字作为点位，在 A、B 两点的外侧竖立标杆。

(2) 后尺手执尺零端，插一根测钎于起点 A，前尺手持尺盒(或尺把)并携带其余测钎沿 AB 方向前进，行至一尺段处停下。

(3) 一人立于 B 点后 1～2m 处定线，指挥持标杆者将标杆左、右移动，使其插在 AB 方向的直线上。

(4) 后尺手将尺零点对准点 A，前尺手沿直线拉紧钢尺，在尺末端刻线处的地面上竖直插下测钎，这样便完了一个尺段。后尺手拔起 A 点测钎与前尺手共同举尺前进。同法继续丈量其余各尺段，每量完一个尺段，后尺手都要拔起测钎。

(5) 最后，不足一整尺段时，前尺手将某一整数分划对准 B 点，后尺手在尺的零端读出厘米及毫米数，两数相减求得余长。往测全长 $D_{往}=nl+q$(其中，n 为整尺段数，l 为钢尺长度，q 为余长)。

(6) 同法由 B 点向 A 点进行返测，但必须重新进行直线定线，计算往、返丈量结果的平均值及相对误差，检查是否超限。

(7) 安置罗盘仪于 A 点，对中、整平后，旋松磁针固定螺钉，放下磁针；用罗盘仪上的望远镜(或觇板)瞄准 B 点标杆，待磁针静止后，读取磁针北端在刻度盘上的读数，即为 AB 直线的磁方位角。同法测定 BA 直线的磁方位角。两者之差与 180° 相比较，其误差不超过 1° 时，取平均值作为最后结果。

4. 注意事项
(1) 钢尺拉出或卷入时不应过快，不得握住尺盒来拉紧钢尺。
(2) 钢尺必须经过检定后才能使用。
(3) 测磁方位角时，应避开铁器干扰，搬迁罗盘仪时要固定磁针。

5. 记录格式
请填写实验报告 9，见附录 D。

2.10　视 距 测 量

1. 目的与要求

(1) 练习用视距法测定地面两点间的水平距离和高差。

(2) 水平距离和高差要往、返测量，往、返测距离的相对误差不大于 1/300 ，高差之差应不大于 5cm。

2. 仪器和工具

经纬仪(1 台)、视距尺(1 把)、木桩(2 个)、记录本(1 本)、斧(1 把)、伞(1 把)、计算器(1个)及皮尺(1 把)。

3. 方法和步骤

(1) 在地面上任意选择两点 A、B，相距约 100m，各打一木桩。

(2) 安置仪器于 A 点，用皮尺量出仪器高 i(自桩顶量至仪器横轴，精确到厘米)，在 B 点竖立视距尺。

(3) 盘左，用中横丝对准视距尺上仪器高 i 附近，再使上丝对准尺上整分米处，设读数为 b，然后读取下丝读数 a(精确到毫米)并记录，立即算出视距间隔 $l_L=a-b$。

(4) 转动望远镜微动螺旋使中横丝对准尺上的仪器高 i 处；转动竖盘指标管水准器微动螺旋，使竖盘指标管水准器气泡居中，读取竖盘读数并记录，算出竖直角 α_L。

(5) 盘右，重复步骤(3)与步骤(4)，测得视距间隔 l_R 与竖直角 α_R。

(6) 用盘左、盘右观测的视距间隔平均值和竖直角的平均值，计算 A、B 两点的水平距离和高差。

水平距离为　　　　　　　　　　$D=kl\cos^2\alpha$　(取至 0.1m)

高差为　　　　　　　　　　　　$h_{AB}=D\tan\alpha$　(取至 0.1m)

如使用 SHARP EL-5812 型计算器，按键次序如下：

α $\boxed{\text{DEG}}$ $\boxed{x{\to}M}$ $\boxed{\cos}$ $\boxed{x^2}$ $\boxed{\times}$ kl $\boxed{=}$ 显示为 D

$\boxed{\times}$ $\boxed{\text{RM}}$ $\boxed{\tan}$ $\boxed{=}$ 显示为 h'

$\boxed{+}$ i $\boxed{-}$ v $\boxed{=}$ 显示为 h

(7) 将仪器安置于 B 点，重新量取仪器高 i，在 A 点竖立视距尺，由另一观测者于盘左、盘右两个位置，使中丝对准尺上高度 v 处，读记上、中、下三丝读数(上、下丝均读至毫米)和竖盘读数。计算出水平距离和高差。这时，高差 $h_{AB}=D\tan\alpha+(i-v)$。检查往、返测得水平距离和高差是否超限。

4. 记录格式

请填写实验报告 10，见附录 D。

2.11 经纬仪测绘法

1. 目的与要求

(1) 了解小平板仪的构造和用途。

(2) 练习用经纬仪测绘地形图，平板仪辅助画图。

(3) 掌握选择地形点的要领。

2. 仪器和工具

经纬仪(1 台)、小平板仪(1 台)、视距尺(1 把)、皮尺(1 把)、计算器(1 个)、伞(2 把)、记录本(1 本)、木桩(1 个)、斧(1 把)、测图纸(1 张)及透明胶带纸(1 卷)。

3. 方法和步骤

先将经纬仪安置在测站上，绘图板安置于测站近旁。用经纬仪测定碎部点方向与已知方向之间的水平角，并测定测站到碎部点的距离和碎部点的高程。然后根据数据用量角器和比例尺把碎部点的平面位置展绘于图纸上，并在点的右侧注记高程，对照实地勾绘地形。经纬仪测绘法测图操作简单、灵活，适用于各种类型的测区。以下介绍经纬仪测绘法在一个测站的测绘工序。

(1) 经纬仪测绘法的步骤。

① 安置仪器和图板。如图 2.10 所示，观测员安置经纬仪于测站点(控制点)A 上，包括对中和整平。量取仪器高 i，测量竖盘指标差 x。记录员在"碎部测量记录手簿"(见附录 D 中的实验报告 11)中记录，包括表头的其他内容。绘图员在测站的同名点上安置量角器。

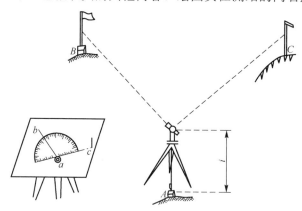

图 2.10 经纬仪测绘法的测站安置

② 定向。照准另一控制点 B 作为后视方向，置水平度盘读数为 $0°00'00''$。绘图员在后视方向的同名方向上画一短直线，短直线过量角器的半径，作为量角器读数的起始方向线。

③ 立尺。司尺员依次将标尺立在地物、地貌特征点上。立尺前，司尺员应弄清实测范围和实地概略情况，选定立尺点，并与观测员、绘图员共同商定立尺路线。

④ 观测。观测员照准标尺，读取水平角 β、视距间隔 l、中丝读数 s 和竖盘读数 L。

⑤ 记录。记录员将读数依次记入手簿。有些手簿视距间隔栏为视距 K_1，由观测者直接读出视距值。对于有特殊作用的碎部点，如房角、山头、鞍部等，应在备注中加以说明。

⑥ 计算。记录员依据视距间隔 l、中丝读数 s、竖盘读数 L 和竖盘指标差 x、仪器高 i、测站高程 $H_{站}$，按视距测量公式计算平距和高程。

⑦ 展绘碎部点。绘图员转动量角器，将量角器上等于 β 角值(其碎部点为 114°00′)的刻划线对准起始方向线，如图 2.11 所示，此时量角器零刻划方向便是该碎部点的方向。根据图上距离 d，用量角器零刻划边所带的直尺定出碎部点的位置，用铅笔在图上点示，并在点的右侧注记高程。同时，应将有关地形点连接起来，并检查测点是否有错。

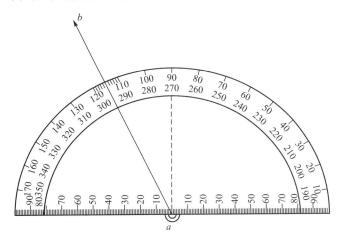

图 2.11　量角器展绘碎部点的方向

⑧ 测站检查。为了保证测图正确、顺利地进行，必须在工作开始时进行测站检查。检查方法是在新测站上，测试已测过的地形点，检查重复点精度在限差内即可。否则应检查测站点是否展错。此外，在工作中间和结束前，观测员可利用时间间隙照准后视点进行归零检查，归零差不应大于 4′。在每测站工作结束时进行检查，确认地物、地貌无错测或漏测时，方可迁站。

测区面积较大时，测图工作需分成若干图幅进行。为了相邻图幅的拼接，每幅图应测出图廓外 5mm。

(2) 在测图过程中，应注意以下事项。

① 为方便绘图员工作，观测员在观测时，应先读取水平角，再读取视距尺的三丝读数和竖盘读数；在读取竖盘读数时，要注意检查竖盘指标水准管气泡是否居中；读数时，水平角估读至 5′，竖盘读数估读至 1′即可；每观测 20～30 个碎部点后，应重新瞄准起始方向检查其变化情况，经纬仪测绘法起始方向水平度盘读数偏差不得超过 3′。

② 立尺人员在跑点前，应先与观测员和绘图员商定跑尺路线；立尺时，应将标尺竖直，并随时观察立尺点周围情况，弄清碎部点之间的关系，地形复杂时还需绘出草图，以协助绘图人员做好绘图工作。

③ 绘图人员要注意图面正确、整洁，注记清晰，并做到随测点，随展绘，随检查。

④ 当每站工作结束后，应进行检查，在确认地物、地貌无测错或漏测时，方可迁站。

(3) 光电测距仪测绘法。

光电测距仪测绘地形图与经纬仪测绘法基本相同，不同的是用光电测距来代替经纬仪视距法。

先在测站上安置测距仪，量出仪器高；后视另一控制点进行定向，使水平度盘读数为 $0°00'00''$。立尺员将测距仪的单棱镜装在专用测杆上，并读出棱镜标志中心在测杆上的高度 v，为计算方便，可使 $v=i$。立尺时将棱镜面向测距仪立于碎部点上。观测时，瞄准棱镜的标志中心，读出水平度盘读数 β，测出斜距 D'，竖直角 α，并做记录。

将 α、D' 输入计算器，计算平距 D 和碎部点高程 H(备注：平距 $D=D'\cos\alpha$，高差 $h=D'\sin\alpha+i-v$)。然后，与经纬仪测绘法相同，将碎部点展绘图上。

(4) 在测绘碎部时，其精度要求如下。

① 经纬仪对中误差小于等于 5mm，归零差小于等于 4′。

② 当竖直角超过 3°时，应进行水平距离改正，即

$$D = kl\cos^2\alpha = 100l\cos^2\alpha$$

③ 每一测站必须选择两个明显的地物点与上一站进行校对，若无明显地物，则应用重点法进行检核。误差范围：平距误差为±0.6mm；高程误差为±3cm。

④ 主要街道及建筑物应用经纬仪直接测绘，一般建筑物可用卷尺丈量标绘。应注意合理取舍，凡建筑物、构筑物轮廓凸凹部分在图上大于 0.5mm 者，应按实测绘；反之，可用直线连出。

⑤ 地物按比例表示的，应实测外廓，填绘符号；不能按比例表示的，应准确表示其定位点或定位线。道路及其附属物，均应按实测绘；管线转角均应实测。线路密集时或居民区的低压电力线路和通信线路，可选择要点测绘；当管线直线部分的支架、线杆和附属设施密集时，可适当取舍；多种线路在同一杆时，表示其主要部分。

⑥ 地类界及类界内的符号必须在野外填绘，以使图上地类符号位置与实地情况相符合。河流宜按实际情况测绘，并应测注河堤顶部、坡脚及河底的高程。

⑦ 本地形图可采用平面图加高程注记，不勾绘等高线。地形图上高程点注记，应精确到 0.01m；地形点间距为 15m；视距长度为：地物点≤60m，地形点≤100m；地形图注记及地形点高程注记一律平写，字头朝北，文字注记一律自左至右或自上而下书写。

⑧ 地形图的拼接。地形图测完后，相邻图幅间要互相拼合，每幅图均有与邻幅拼接东、南边的责任。测图时，各图应测出图边外 5mm，有地物者，应测出 10mm。地形图拼接误差对主要地物小于 1.6mm，次要地物小于 2.2mm 时，可平均配赋。

⑨ 地形图检查。每幅图测图中及测完后，应组织自检，包括室内检查、巡视检查和设站检查，设站检查不得少于工作量的 10%，各组经严格自检合格以后，方可交指导老师检查验收。指导老师会同班委、组长进行分组检查验收。凡验收中统计大于有关规定的地物点误差比率超过 2%检验点数者，为不合格，不予验收。

⑩ 地形图整饰。根据地形图图示规定符号，描绘出地物、地貌、控制点、坐标格网、图廓及内外注记。提供一幅完美的铅笔原图，要求图面整洁，铅线清晰，质量合格。

整饰顺序：擦去多余的线条、注记、符号 ⟶ 绘制内图廓及坐标格网交叉点(图廓线内长5mm，其余各顶点 1cm 长) ⟶ 绘制控制点、各种注记 ⟶ 独立地物和居民地、道路、线路、地类界等(⟶ 等高线) ⟶ 外图廓、图外注记。

4. 记录格式

请填写实验报告 11，见附录 D。

2.12 测设水平角与水平距离

1. 目的与要求

(1) 练习用精确法测设已知水平角,要求角度误差不超过±40″。

(2) 练习测设已知水平距离,测设精度要求相对误差不应低于 1/5000。

2. 仪器和工具

经纬仪(1 台)、钢尺(1 把)、测钎(6 根)、斧(1 把)、伞(1 把)、记录本(1 本)、水准仪(1 台)、水准尺(1 把)、温度计(1 个)及弹簧秤(1 个)。

3. 方法和步骤

(1) 测设角值为 β 的水平角。

① 在地面上选 A、B 两点打桩,作为已知方向,安置经纬仪于 B 点,瞄准 A 点并使水平度盘读数为 0°00′00″(或略大于 0°)。

② 顺时针方向转动照准部,使度盘读数为 β(或 A 方向读数+β),在此方向打桩为 C 点,在桩顶标出视线方向和 C 点的点位,并量出 BC 距离。用测回法观测 $\angle ABC$ 两个测回,取其平均值为 β_1;计算改正数 $\overline{CC_1}=D_{BC}\dfrac{\beta-\beta_1}{\rho}=D_{BC}\dfrac{\Delta\beta}{\rho}$(m),过 C 点作 BC 的垂线,沿垂线向外($\beta>\beta_1$)或向内($\beta<\beta_1$)量取 CC_1 定出 C_1 点,则 $\angle ABC_1$ 即为要测设的 β 角。再次检测改正,直到满足精度要求为止。

(2) 测设长度为 D 的水平距离。

利用测设水平角的桩点,沿 BC_1 方向测设水平距离为 D 的线段 BE。

① 安置经纬仪于 B 点,用钢尺沿 BC_1 方向概量长度 D,并钉出各尺段桩,用检定过的钢尺按精密量距的方法往、返测定距离,并记下丈量时的温度(估读至 0.5℃)。

② 用水准仪往、返测量各桩顶间的高差,两次测得高差之差不超过 10mm 时,取其平均值作为结果。

③ 将往、返丈量的距离分别加尺长、温度和倾斜改正后,取其平均值为 D' 与要测设的长度 D 相比较求出改正数 $\Delta D=D-D'$。

④ 若 ΔD 为负,则应由 E 点向 B 点改正;若 ΔD 为正,则以相反的方向改正。最后再检测 BE 的距离,它与设计的距离之差的相对误差不得低于 1/5000。

4. 记录格式

请填写实验报告 12,见附录 D。

2.13　测设已知高程和坡度线

1. 目的与要求

(1) 练习测设已知高程点，要求误差不大于±8mm。

(2) 练习测设坡度线。

2. 仪器和工具

水准仪(1 个)、水准尺(1 把)、木桩(6 个)、记录本(1 本)、斧(1 把)、伞(1 把)及皮尺(1 把)。

3. 方法和步骤

(1) 测设已知高程 $H_{设}$。

① 在水准点 A 与待测高程点 B(打一木桩)之间安置水准仪，读取 A 点的后视读数 a，根据水准点高程 H_A 和待测设点 B 的高程 $H_{设}$，计算出 B 点的前视读数 $b=H_A+a-H_{设}$。

② 使水准尺紧贴 B 点木桩侧面上、下移动，当视线水平、中丝对准尺上读数为 b 时，沿尺底在木桩上画线，即为测设的高程位置。

③ 重新测定上述尺底线的高程，检查误差是否超限。

(2) 测设坡度线。

欲从 A 至 B 测设距离为 D，坡度为 i 的坡度线，规定每隔 10m 打一木桩。

① 从 A 点开始，沿 AB 方向量距、打桩并依次编号。

② 起点 A 位于坡度线上，其高程为 H_A，根据设计坡度及 A、B 两点的距离，计算出点 B 的设计高程，并用测设已知高程点的方法将点 B 测设出来。

③ 安置水准仪于 A 点，使一个脚螺旋位于 AB 方向上，另两只脚螺旋连线与 AB 垂直，量取仪器高 i。

④ 用望远镜瞄准点 B 上的水准尺，转动位于 AB 方向上的脚螺旋，使中丝对准尺上读数 i 处。

⑤ 不改变视线，依次立尺于各桩顶，轻轻打桩，待尺上读数为 i 时，桩顶即位于坡度线上。

若受地形所限，不许可将桩顶打在坡度线上时，可读取水准尺上的读数，然后计算出各中间点桩顶距坡度线的填、挖数值：填(挖)数=$i\mp$尺上读数，"−"为填，即坡度线在桩顶上面；"+"为挖，即坡线在桩顶下面。

4. 记录格式

请填写实验报告 13，见附录 D。

【全站仪的使用方法及保养方法】

【全站仪——科力达 KTS462 系列全站仪介绍】

【全站仪——仪器参数设置】

2.14 全站仪的认识与使用

1. 目的

了解全站仪的构造，熟悉全站仪的操作界面及作用，掌握全站仪的基本使用。

2. 计划与设备

(1) 时间安排：2 学时。

(2) 实训设备：全站仪(1 台)、棱镜(1 块)、测伞(1 把)、记录板(1 块)及铅笔(自备)(1 支)。

3. 内容与要求

(1) 认识全站仪的基本构造。

(2) 用全站仪进行角度测量、距离测量和坐标测量。

(3) 上交全站仪测量记录表。

4. 注意事项

(1) 不得用手指触摸透镜和棱镜。

(2) 应保持插头清洁、干燥。在测量过程中不能拔出插头。拔出插头前应关机。

5. 记录格式

请填写实验报告 14，见附录 D。

2.15　经纬仪导线内业坐标计算作业

1. 目的与要求

(1) 掌握导线计算的方法和步骤。

(2) 要求每人计算一份。

2. 仪器和用具

导线坐标计算表。

3. 方法和步骤

(1) 将观测和起算数据填入坐标计算表并绘出导线略图。

(2) 计算角度闭合差并进行调整。

$$f_\beta = \sum \beta_{测} - 180°(n-2) \text{ (闭合导线)}$$

或

$$\left. \begin{array}{l} f_\beta = \alpha_{始} + \sum \beta_{左} - 180°n - \alpha_{终} \\ f_\beta = \alpha_{始} + 180°n - \sum \beta_{右} - \alpha_{终} \end{array} \right\} \text{(附合导线)}$$

$$f_{\beta容} = \pm 40'' \sqrt{n}$$

当 $f_\beta \leqslant f_{\beta容}$ 时，方可进行调整。

改正数
$$\Delta\beta = -\frac{f_\beta}{n}$$

(3) 用改正后的角值推算各边的坐标方位角。

$$\alpha_{前} = \alpha_{后} + \beta_{左} - 180° \quad \text{(按左角推算)}$$

或

$$\alpha_{前} = \alpha_{后} + 180° - \beta_{右} \quad \text{(按右角推算)}$$

当前两项之和小于减数时，应加 360°再减。

闭合导线应从起始边的方位角开始计算，最后再回到起始边，两者应完全一致，以资检核。

附合导线从起始边的已知方位角开始，计算至终边，与该边原已知方位角应完全一致，以资检核。

(4) 计算坐标增量。

$$\Delta x = D\cos\alpha$$

$$\Delta y = D\sin\alpha$$

坐标增量可利用计算器上由极坐标转换为直角坐标的功能进行计算。

(5) 计算坐标增量闭合差并进行调整。

$$\left. \begin{array}{l} f_x = \sum \Delta x \\ f_y = \sum \Delta y \end{array} \right\} \text{(闭合导线)}$$

$$\left.\begin{array}{l} f_x = x_{始} + \sum \Delta x - x_{终} \\ f_y = y_{始} + \sum \Delta y - y_{终} \end{array}\right\}(附合导线)$$

导线全长闭合差 $\qquad f = \sqrt{f_x^2 + f_y^2}$

导线全长相对闭合差 $\qquad K\dfrac{f}{\sum D} = \dfrac{1}{\dfrac{\sum D}{f}}$

当 $K \leqslant K_{容} = 1/2000$ 时方可进行调整。

$$v_{xi} = -\frac{f_x}{\sum D} \cdot D_i$$

其调整的改正数为

$$v_{yi} = -\frac{f_y}{\sum D} \cdot D_i$$

改正后的坐标增量依次计算出各点坐标为

$$x_{前} = x_{后} + \Delta x_{改}$$

$$y_{前} = y_{后} + \Delta y_{改}$$

4. 作业题

由教师在配套教材《建筑工程测量(第三版)》项目 6 的习题中选取。

5. 记录格式

请填写实验报告 15,见附录 D。

第**3**章 测量实习指导

3.1 测量实习计划

1. 实习目的与要求

测量实习是教学的重要组成部分,是检验课堂理论、巩固和深化课堂知识的重要环节。通过测量实习,贯彻理论联系实际的原则,使学生形成系统的测量理论知识和基本技能,在实际中培养学生的动手能力、训练严谨的科学态度和优良的工作作风,提高学生观测、绘图、用图和放样的能力,培养其独立工作能力和组织管理能力,促进学生由知识向能力的转化,使学生能独立从事小区域的地形测量及一般工程测量工作,为今后解决实际工程中的有关测量方面的问题打下良好的基础。通过实习,培养学生艰苦朴素、关心集体、热爱劳动和爱护公物的思想品质,牢固地树立为国家经济建设服务的思想。

2. 实习内容

测量实习的内容包括测绘大比例尺地形图、地形图的应用、施工放样及精密仪器见习4个部分。其中大比例尺测图是以学校为基地,测区范围可根据所在学校的实际情况自行确定。每组完成一幅图(200m×250m),测图比例尺为1∶500。坐标系统和高程系统可采用当地城市坐标系统与国家高程系统,也可假定。其余三部分以及部分实际工程项目内容可结合地形图测绘进行。实习时间为两周。实习结束后每组提交实习工作总结一份,大比例尺地形图一幅,放样平面图一幅及其他实习成果;每人提交实习报告一份。

3. 实习领导与组织

为加强实习期间各项管理工作有效地进行,将指导老师分成组织管理组和技术指导组。

组织管理组由教研室主任任组长,负责学生实习的政治思想、组织管理、作风、纪律、检查、监督,以及参观工地、实际项目的联系等工作。组织管理组分工如下:由任课老师及其他实习指导老师具体管理。

技术组由任课老师及其他实习指导老师组成。技术组负责技术指导和仪器管理工作。技术指导采用"三点链接式"指导法,即在每阶段实习开始前进行"集中辅导",由任课老师介绍前段实习中存在问题的解决方法和后段实习的技术要点;实习开始后进行"巡回指导",由技术组指导老师巡回各组进行指导;然后在实习指导办公室进行"定点答疑",以解决各小组随机发生的技术问题。

学生实习以小组为单位进行,每班学员分为5~6个小组。每组5~6人,设组长1人,由小组成员民主选举。各组成员在实习期间,不准任意更换,抽调人员须经组织管理组组长批准。

各班班委应充分发挥作用。实习期间,配合指导老师开展班组里的各项实习工作,即班里会议召集,人员组织,各组的任务分配,班及组内实习工作进展的联络、统计,技术资料的收集、整理及疑难问题的汇报、处理等。

学生实习小组长在指导老师和班委的领导下，担任下列工作。

(1) 负责小组的学习、纪律、安全、组织和管理。

(2) 负责小组的工作计划、布置、分工和轮换。

(3) 负责组织保管好分发的仪器、设备和实习中的技术资料。

(4) 负责向班委、指导老师汇报组内工作与学习、思想情况；负责填写"实习成绩分析记录表"；写出小组实习工作总结。

4. 实习纪律

(1) 严格校风校纪，不得无故迟到、早退、缺勤。实习期间不准请事假，如有特殊情况，应报组织管理组教师批准。

(2) 讲究文明礼貌，遵纪守法。遵守群众纪律，注意道德修养。不得有打人、骂人、侮辱他人等现象发生。

(3) 爱护和妥善使用仪器，如有损坏和丢失，应及时向组织管理组教师汇报；教师应及时检验，并根据实际情况，按学院有关规定处理。对于隐瞒事故、知情不报的小组，还要追究组长责任，并对责任人加重处理。

5. 注意事项

(1) 实习小组成员应服从领导、听从指挥、爱护仪器，保管好实习资料，努力工作，争取提前完成任务。

(2) 应认真阅读本书"3.2 测量实习技术指导"及其他附录内容，要保证测图质量，发现错误及时返工。

(3) 加强同学之间、师生之间的团结，注意搞好群众关系；严格作息时间；注意气候变化，及时增减衣服；注意饮食卫生，以保健康；注意交通安全。

(4) 提高警惕，防止仪器设备丢失和意外事故的发生；否则，事故责任由当事人负责。

6. 实习成绩评定

实习结束后，根据学生的操作技能、完成任务的数量与质量、组织纪律、劳动态度、爱护仪器、工具及分析和解决问题的能力等项指标，由指导教师综合考核评定。

7. 实习时间表(表 3-1)

表 3-1 实习时间表

实习主要内容	时间	备注
1. 实习动员、分组、分发仪器设备、检校仪器、踏勘测区、选点并埋设标志	1 天	实习期间，每周工作 5 天，实习时间共计 10 天
2. 地形测量的平面、高程控制测量(外业观测、内业计算)、绘制坐标方格网、展绘控制点	2.5 天	
3. 大比例尺地形图的测绘、检查、拼接	3 天	
4. 整图	0.5 天	
5. 地形图应用	1 天	
6. 施工放样、精密仪器见习	1 天	
7. 整理实习报告及各项成果,送还仪器设备,进行实习总结	1 天	

3.2 测量实习技术指导

3.2.1 地形测量技术设计和作业方法指导

1. 1∶500 大比例尺地形图的测绘

测区位置：××省××市××县××乡××。

1) 测区的自然条件和困难类别

本测区地形较为平坦，多数坡度在 3°以下，属平地，但又属建筑区。因居住密集、树林密布，人流车辆繁多，通视也有困难，故类别为Ⅳ类。

2) 原有测绘资料

测区内有一个已知点(1、2 号点)的平面坐标和高程(x_1=××××.×××m，y_1=××××.×××m；H_1=×××.×××m)。已知方位角 $\alpha_{1\sim2}$=×××°××′××″。

【全站仪导线
测量的详细操
作方法】

3) 平面控制测量

各小组可用经纬仪导线(有全站仪的可用光电导线)分别建立闭合导线以作为图根控制。

(1) 平面控制外业。

① 选点打桩。每组在分配任务范围(200m×250m)内选 9～11 个图根控制点，组成闭合导线，作为小组平面控制。控制点应选在土质坚实、便于保存标志和安置仪器、视野开阔、便于施测碎部的地方；相邻控制点间应通视良好、相对平坦，便于量距和测角；导线边长为 50～90m。

控制点选定后，应立即打桩并划十字线或钉小钉标志，还应立即编号、绘制点之记。

② 导线各内角应用 DJ_6 型经纬仪施测一测回。当前、后半测回角值之差 $\Delta\beta \leq \Delta\beta_容$=±40″时，取平均值为最后结果。导线角度闭合差 $f_{\beta应} \leq f_{\beta容}$=±40″$\sqrt{n}$ (n 为转折角的数目)。

③ 导线各边长应用钢尺往、返丈量，相对误差 $k_d \leq k_{d容}$=1/3000。钢尺量距中，当坡度 $i \leq 0.02°$、温差 $\Delta t = t - t_0 \leq ±10℃$，尺长误差 $\Delta l_0/l_0 \leq 1/10000$ 时，可不进行坡度、温度、尺长的修正。

④ 连测。为使控制点的坐标纳入本校统一坐标系统，应与首级控制网点连测，以传递方位角、坐标和高程。为保证连测精度，其连接角的圆周角闭合差小于等于 40″；边长应往返丈量，其往返较差的相对误差应≤1/3000。

⑤ 加密控制可用内外分点法或钢尺量距支导线。支导线边长宜 $D \leq 100m$，距离用钢尺往、返丈量，相对误差 $k_d \leq k_{d容}$=1/3000；角度应用 6″级经纬仪施测左、右角各一测回，其圆周角闭合差小于等于 40″，支导线只许伸出两站，并只能作为测站点。

当解析图根点不能满足测图需要时，可增补少量视距支点。视距支点只能伸出一站；边长应小于等于 40m，距离应往、返视距观测，相对误差小于等于 1/150；角度施测一测回。

(2) 平面控制测量内业。将校验过的外业数据及联测出的起算数据填入导线坐标计算表进行内业计算，当计算导线全长的相对闭合差 $k \leqslant k_容 = 1/2000$ 时，可进行平差，计算各导线点的坐标。

4) 高程控制测量

高程控制网可选用平面控制网点和高程系统，均采用四等水准测量方法施测，具体要求如下。

(1) 观测方法为双面尺法。用 DS_3 型水准仪及双面尺施测，观测顺序为"后前前后"。闭合路线中为往一次，与首级网联测为往、返各一次。

(2) 每一站精度要求：前后视距差 $\leqslant$5mm；前后视距累计差 $\leqslant$10mm；同一尺黑红面中丝读数常数差误差 $\leqslant$3mm；黑红面高差之差误差 $\leqslant$5mm，取平均值。

(3) 高程内业。将校核过的外业数据填入"水准高程内业计算表"计算，水准网闭合差 $f_h \leqslant f_{h容} = \pm 20\sqrt{L}$ (mm)或 $\pm 60\sqrt{n}$ (mm)(n 为测站数；L 为水准路线长，以千米计)，然后，根据联测点的高程，推算出各控制点的高程。

5) 绘制坐标格网和展绘控制点

(1) 用对角线法将绘图纸绘成 40cm×50cm 的坐标格网。对角线检查：边长误差 $\leqslant$0.2mm，误差三角形斜边 $\leqslant$0.3mm。

(2) 展绘控制点。先根据本校地形图统一分幅，注记坐标格网外围坐标值，然后，将各控制点依其坐标值展绘于坐标格网中。其边长误差 $\leqslant$0.3mm。

6) 地形测量方法与精度

本测区地形测量采用经纬仪测绘法或全站仪测绘法，比例尺为 1：500，按照一般地区地形测图方法与技术要求施测。

(1) 碎部点的选择。碎部测量就是测定碎部点的平面位置和高程。地形图的质量在很大程度上取决于立尺员能否正确合理地选择地形点。地形点应选在地物或地貌的特征点上。地物特征点就是地物轮廓的转折、交叉和弯曲等变化处的点及独立地物的中心点。地貌特征点就是控制地形的山脊线、山谷线和倾斜变化线等地形线上的最高、最低点，坡度和方向变化处，以及山头和鞍部等处的点。地形点的密度主要根据地形的复杂程度确定，也取决于测图比例尺和测图的目的。测绘不同比例尺的地形图，对碎部点间距有不同的限定，对碎部点距测站的最远距离也有不同的限定。地形测绘采用视距测量方法测量距离时的地形点最大间距和最大视距的允许值见表 3-2 和表 3-3。

表 3-2 地形点最大间距和最大视距(一般地区)

测图比例尺	地形点最大距离/m	最大视距/m	
		主要地物特征点	次要特征点和地形点
1：500	15	60	100
1：1000	30	100	150
1：2000	50	130	250
1：5000	100	300	350

表 3-3 地形点最大间距和最大视距(城镇建筑区)

测图比例尺	地形点最大距离/m	最大视距/m	
		主要地物特征点	次要特征点和地形点
1：500	15	50	70
1：1000	30	30	120
1：2000	50	120	200

(2) 测站的测绘工作。经纬仪测绘法的实质是极坐标法。具体操作步骤如 2.11 节所示。

2. 地形图应用

(1) 每组在自己测出的地形图上，设计一幢民用建筑，并注出四周外墙轴线交点的设计坐标及一层室内地坪标高±0.000 的绝对高程。

(2) 为测设该建筑的平面位置，需在图上平行于建筑物主轴线布设一条三点一字形的建筑基线，并图解出其中一点的坐标，推算出其余两点的坐标。

(3) 在自绘的地形图上绘制纵断面图一张。

(4) 在自绘的地形图上根据长方形 1、2、3、4 点所包围的范围，在考虑填、挖方量平衡的前提下(暂不考虑边坡)，将其修建成水平场地，并概算其土方量。

3. 施工放样

1) 测设建筑基线

(1) 根据基线 A、O、B 三点的设计坐标和控制点坐标，推算出测设工作所需的各个数据，并绘出测设草图。

(2) 安置经纬仪于控制点上，根据选定的测设方法，将 A、O、B 三点标定于地面上。

(3) 检查。平角 $\angle AOB$ 与 180°之差≤24″，AO、BO 平距与设计值之差≤1/10000，否则应归化改正。

2) 测设民用建筑

(1) 根据基线与建筑物定位元素的关系，用直角坐标法将该建筑物外围轴线的交点测设于地面上，并应计算出放样数据、绘制测设草图备查。

(2) 检查。边长误差≤1/5000，角差≤1′。

(3) 细部轴线测设。

(4) 放线与抄平。在轴线外 1m 处测设龙门桩，在龙门桩上用水准仪测设室内地坪设计高程±0.000 位置，并将龙门桩钉在龙门桩上±0.000 处。

(5) 检查室内地坪设计高程。在每个龙门板上立水准尺，用水准仪检查实际标高与±0.000 误差应不超过±5mm。

(6) 投测轴线。用经纬仪将各轴线投测到龙门板上，并钉一小钉。

(7) 用白灰撒出基槽开挖边界线。外墙宽 1m，内墙宽 0.8m。

4. 精密测量仪器见习

在作首级控制时，由技术组老师指导见习，主要仪器如下。

(1) 全站仪。

(2) GPS 全球定位接收仪(动态 RTK)。

(3) DS$_1$型水准仪及自动安平水准仪。

(4) 其他。

3.2.2 组织分工

本次测量实习任务较重，拟根据现有街道情况，将测图范围划分为任务量接近的若干区域，每小组分测一个区域，具体分区抽签决定。由于任务不可能平均，因此，各班组要互相支持、协作和配合。

各组内任务，应由组长统一安排，合理分工，互相协作。分配任务时，应使每项工作都由组员轮流担任，不应片面追求或偏废某项，以使每个人的基本技能都能全面提高。

3.2.3 实习报告的书写

每人书写一份实习报告，要求在实习期间编写，实习结束时上交。报告应反映学生在实习中所获得的各方面的知识。要求书写认真，力求完善，参考格式如下。

(1) 封面：写实习名称、地点、起讫日期、专业、班级、组别、姓名、指导老师。

(2) 目录。

(3) 前言：说明实习目的、任务及要求等。

(4) 内容：根据实习的项目、程序、方法、精度、计算成果及示意图，按实习的实际情况、发现问题和分析及处理问题的情况书写。

(5) 结束语：写实习心得体会、意见、建议。

3.2.4 提交成果项目

1. 小组提交

(1) 小组实习工作总结。

(2) 导线测量手簿(包括控制网草图、水平角观测与量距记录)和内业计算成果表。

(3) 水准测量记录表、水准点成果表等。

(4) 地形图一张(铅笔原图)。

(5) 应用地形图所做的民用建筑设计，以及为放样其平面，高程位置所设计的建筑基线和放样数据、草图。

(6) 放样结果自查记录(指导老师检查、学生互查记录等)。

(7) 地形图自查及精度评定报告(老师抽查、互查记录)。

(8) 各组填写的"实习成绩分析记录表"。

2. 个人提交

实习报告一份，包括地形图应用中的纵断面图一张，场地平整测量设计草图、土石方工程量计算书等(见附录C)。

第4章 测量放线实训指导

测量放线实训内容及时间安排如下。

(1) 实训时间: 2 周。

(2) 实训内容及时间分配。

① 水准测量实训(双仪高法): 1 天。

② 测回法测量水平角: 2 天。

③ 全站仪的认识与使用: 2 天。

④ 总平面竣工图的编绘: 3 天。

⑤ 全站仪定位放样: 1 天。

⑥ 测量放线实训总结: 1 天。

4.1　测量放线实训须知

1. 实训须知

1) 准备工作

(1) 实训前应阅读本任务书中相应的部分，明确实习的内容和要求。

(2) 根据实习内容阅读教材中的有关章节，弄清基本概念和方法，使实习能顺利完成。

(3) 按本任务书中的要求，于上课前准备好必备的工具，如铅笔、小刀等。

2) 要求

(1) 遵守课堂纪律，注意聆听指导教师的讲解。

(2) 实习中的具体操作应按任务书的规定进行，如遇问题要及时向指导教师提出。

(3) 实习中出现的仪器故障必须及时向指导教师报告，不可随意自行处理。

2. 仪器及工具借用办法

(1) 每次实习所需仪器及工具均在任务书上载明，学生应以小组为单位于上课前凭学生证向数字测量实验室借领。

(2) 借领时，各组依次由 3～4 人进入室内，在指定地点清点、检查仪器和工具，然后在登记表上填写班级、组号及日期。借领人签名后将登记表及学生证交管理人员。

(3) 实习过程中，各组应妥善保护仪器、工具。各组间不得任意调换仪器、工具。若有损坏或遗失，视情节轻重照章处理。

(4) 实习完毕后，应将所借用的仪器、工具上的泥土清扫干净再交还实验室，由管理人员检查验收后发还学生证。

3. 测量仪器、工具的正确使用和维护

1) 领取仪器时应做的检查

(1) 仪器箱盖是否关妥、锁好。

(2) 背带、提手是否牢固。

(3) 脚架与仪器是否相配，脚架各部分是否完好，脚架腿伸缩处的连接螺旋是否滑丝。要防止因脚架未架牢而摔坏仪器，或因脚架不稳而影响作业。

2) 打开仪器箱时的注意事项

(1) 仪器箱应平放在地面上或其他台子上才能开箱，不要托在手上或抱在怀里开箱，以免将仪器摔坏。

(2) 开箱后未取出仪器前，要注意仪器安放的位置与方向，以免用完装箱时因安放位置不正确而损伤仪器。

3) 自箱内取出仪器时的注意事项

(1) 不论何种仪器，在取出前一定要先放松制动螺旋，以免取出仪器时因强行扭转而损坏制动、微动装置，甚至损坏轴系。

(2) 自箱内取出仪器时，应一手握住照准部支架，另一手扶住基座部分，轻拿轻放，不要用一只手抓仪器。

(3) 自箱内取出仪器后，要随即将仪器箱盖好，以免沙土、杂草等不洁之物进入箱内，还要防止搬动仪器时丢失附件。

(4) 取仪器和使用过程中，要注意避免触摸仪器的目镜、物镜，以免污损，影响成像质量。不允许用手指或手帕等物去擦仪器的目镜、物镜等光学部分。

4) 架设仪器时的注意事项

(1) 伸缩式脚架三条腿抽出后，要把固定螺旋拧紧，但不可用力过猛而造成螺旋滑丝。要防止因螺旋未拧紧而使脚架自行收缩而摔坏仪器。三条腿拉出的长度要适中。

(2) 架设脚架时，三条腿分开的跨度要适中；并得太靠拢容易被碰倒，分得太开容易滑开，都会造成事故。若在斜坡上架设仪器，应使两条腿在坡下(可稍放长)，一条腿在坡上(可稍缩短)。若在光滑地面上架设仪器，要采取安全措施(例如，用细绳将脚架三条腿连接起来)，防止脚架滑动摔坏仪器。

(3) 在脚架安放稳妥并将仪器放到脚架上后，应一手握住仪器，另一手立即旋紧仪器和脚架间的中心连接螺旋，避免仪器从脚架上掉下摔坏。

(4) 仪器箱多为薄型材料制成，不能承重，因此，严禁蹬、坐在仪器箱上。

5) 仪器在使用过程中要做到

(1) 在阳光下观测必须撑伞，防止日晒和雨淋(包括仪器箱)。雨天应禁止观测。对于电子测量仪器，在任何情况下均应撑伞防护。

(2) 任何时候仪器旁必须有人守护。禁止无关人员拨弄仪器，注意防止行人、车辆碰撞仪器。

(3) 如遇目镜、物镜外表面蒙上水汽而影响观测(在冬季较常见)，应稍等一会或用纸片扇风使水汽散发。如镜头上有灰尘应用仪器箱中的软毛刷拂去。严禁用手帕或其他纸张擦拭，以免擦伤镜面。观测结束应及时套上物镜盖。

(4) 操作仪器时，用力要均匀，动作要准确、轻捷。制动螺旋不宜拧得过紧，微动螺旋和脚螺旋宜使用中段螺纹，用力过大或动作太猛都会对仪器造成损伤。

(5) 转动仪器时，应先松开制动螺旋，然后平稳转动。使用微动螺旋时，应先旋紧制动螺旋。

6) 仪器迁站时的注意事项

(1) 在远距离迁站或通过行走不便的地区时，必须将仪器装箱后再迁站。

(2) 在近距离且平坦地区迁站时，可将仪器连同三脚架一起搬迁。首先检查连接螺旋是否旋紧，松开各制动螺旋，再将三脚架腿收拢，然后一手托住仪器的支架或基座，一手抱住脚架，稳步行走。搬迁时切勿跑行，防止摔坏仪器。严禁将仪器横扛在肩上搬迁。

(3) 迁站时，要清点所有的仪器和工具，防止丢失。

7) 仪器装箱时的注意事项

(1) 仪器使用完毕，应及时盖上物镜盖，清除仪器表面的灰尘和仪器箱、脚架上的泥土。

(2) 仪器装箱前，要先松开各制动螺旋，将脚螺旋调至中段并使大致等高。然后一手握住一起支架或基座，另一手将中心连接螺旋旋开，双手将仪器从脚架上取下放入仪器箱内。

(3) 仪器装入箱内要试盖一下，若箱盖不能合上，说明仪器未正确放置，应重新放置，严禁强压箱盖，以免损坏仪器。在确认安放正确后再将各制动螺旋略微旋紧，防止仪器在箱内自由转动而损坏某些部件。

(4) 清点箱内附件，若无缺失则将箱盖盖上、扣好搭扣、上锁。

8) 测量工具的使用

(1) 使用钢尺时，应防止扭曲、打结，防止行人踩踏或车辆碾压，以免折断钢尺。携尺前进时，不得沿地面拖拽，以免钢尺尺面刻划磨损。使用完毕，应将钢尺擦净并涂油防锈。

(2) 使用皮尺时应避免沾水，若受水浸，应晾干后再卷入皮尺盒内。收卷皮尺时，切忌扭转卷入。

(3) 水准尺和花杆，应注意防止受横向压力，不得将水准尺和花杆斜靠在墙上、树上或电线杆上，以防倒下摔断，也不允许在地面上拖拽或用花杆作标枪投掷。

(4) 小件工具如垂球、尺垫等，应用完即收，防止遗失。

4. 测量资料的记录要求

(1) 观测记录必须直接填写在规定的表格内，不得用其他纸张记录再行转抄。

(2) 凡记录表格上规定填写的项目应填写齐全。

(3) 所有记录与计算均用铅笔(2H 或 3H)记载。字体应端正清晰，字高应稍大于格子的一半。一旦记录中出现错误，便可在数字上方留出的空隙处对错误的数字进行更正。

(4) 观测者读数后，记录者应立即回报读数，经确认后再记录，以防听错、记错。

(5) 禁止擦拭、涂改与挖补。发现错误应在错误处用横线划去，将正确数字写在原数上方，不得使原字模糊不清。淘汰某整个部分时可用斜线划去，保持被淘汰的数字仍然清晰。所有记录的修改和观测成果的淘汰，均应在备注栏内注明原因(如测错、记错或超限等)。

(6) 禁止连环更改，若已修改了平均数，则不准再改计算得此平均数之任何一个原始读数。若已改正一个原始读数，则不准再改其平均数。假如两个读数均错误，则应重测重记。

(7) 读数和记录数据的位数应齐全。如在普通测量中，水准尺读数 0325；度盘读数 4°03′06″，其中的 "0" 均不能省略。

(8) 数据计算时，应根据所取的位数，按 "四舍六入、五前单进双不进" 的规则进行凑整。如 1.3144、1.3136、1.3145、1.3135 等数，若取三位小数，则均记为 1.314。

(9) 每测站观测结束，应在现场完成计算和检核，确认合格后方可迁站。实习结束，应按规定每人或每组提交一份记录手簿或实习报告。

4.2 闭合水准测量(双仪器高法)

1. 目的与要求

练习等外水准测量的观测、记录、计算与检核的方法。

由一个已知高程点开始，经待定高程点，进行闭合水准路线测量，求出待定高程点的高程。

2. 仪器和工具

DS_3型水准仪(1 台)、水准尺(2 把)、记录本(1 本)及伞(1 把)。

3. 方法和步骤

(1) 在地面选定已知高程点，其高程值由教师提供。安置仪器于起点和待定点之间，目估前、后视距离大致相等，进行粗略整平和目镜对光。测站编号为 1。

(2) 后视起点上的水准尺，精平后读取后视读数 a_1，记入手簿。

(3) 前视待定 1 点上的水准尺，精平后读取前视读数 b_1，记入手簿。

(4) 将仪器在原地升高或降低 10cm 以上，重新安置仪器，重复上述操作流程，并将数据记入相应表格。

(5) 计算高差：高差等于后视读数减去前视读数。

(6) 迁站至第 2 站继续观测。沿选定的路线，将仪器迁至点 1 和点 2 的中间，仍用第一站施测的方法，后视点 1，前视点 2，依次连续设站，连续观测，最后仍回至起点。

(7) 计算待定点初算高程：根据已知高程点的高程和各点间的观测高差计算待定点的初算高程。

(8) 计算检核：后视读数之和减去前视读数之和应等于高差之和，也等于终点高程与起点高程之差。

(9) 观测精度检核：计算高差闭合差及高差闭合差容许值，如果小于容许值，则观测合格；否则，应重测。

(10) 经检查观测合格后，对水准测量结果进行平差改正。

4. 注意事项

(1) 在每次读数之前，应使水准管气泡严格居中，并消除视差。

(2) 应使前、后视距离大致相等。

(3) 在已知高程点和待定高程点上不能放置尺垫。转点用尺垫时，应将水准尺置于尺垫半圆球的顶点上。

(4) 尺垫应踏入土中或置于坚固地面上，在观测过程中不得碰动仪器或尺垫，迁站时应保护前视尺垫不得移动。

(5) 水准尺必须扶直，不得前、后、左、右倾斜。

4.3　测回法测量水平角

1. 目的与要求

(1) 掌握测回法测量水平角的方法、记录及计算。

(2) 每组对同一水平角观测两个测回。每人对同一角度至少观测两测回，每一测回上、下半测回角值之差不得超过±40″，各测回角值互差不得大于±40″。

2. 仪器和工具

DJ$_6$型经纬仪(1 台)、全站仪(1 台)、记录本(1 本)、伞(1 把)及测钎(2 根)。

3. 方法和步骤

(1) 每组选一测站点 O 安置仪器，对中、整平后，再选定 A、B 两个目标。

(2) 如果度盘变换器为复测式，盘左转动照准部使水平度盘读数略大于零，将复测扳手扳向下，瞄准 A 目标，将扳手扳向上，读取水平度盘读数 $a_左$，记入手簿。如为拨盘式度盘变换器，应先瞄准目标 A，后拨度盘变换器，使读数略大于零。

(3) 顺时针方向转动照准部，瞄准 B 目标，读数 $b_左$ 并记录，盘左测得 $\angle AOB$ 为

$$\beta_左 = b_左 - a_左$$

(4) 纵转望远镜为盘右，先瞄准 B 目标，读数 $b_右$ 并记录，逆时针方向转动照准部，瞄准 A 目标，读数 $a_右$ 并记录，盘右测得 $\angle AOB$ 为

$$\beta_右 = b_右 - a_右$$

(5) 若盘左、右两个半测回角值之差不大于 40″，则计算一测回角值

$$\beta = \frac{1}{2}(\beta_左 + \beta_右)$$

(6) 观测第二测回时，应将起始方向 A 的度盘读数安置于 90°附近，各测回角值互差不大于±40″，则计算平均角值。

4. 记录格式

请填写实训报告 1，见附录 E。

【科力达 KTS-442
系列全站仪使用
步骤流程】

4.4 全站仪的认识与使用

【科力达 KTS-442
系列全站仪测量、
放样】

1. 目的与要求

(1) 了解全站仪的构造和原理。

(2) 掌握全站仪进行数字化测图的一般方法。

(3) 学会用全站仪放样点位的一般方法。

2. 仪器和工具

每组南方全站仪(1 台)、棱镜附对中竿(1 个)、3 米小钢尺(1 把)、皮尺(1 把)及计算机(1 台)。

3. 实习任务

每组根据提供的控制点成果提交一幅 1：500 地形图(每组测区的边界范围在课堂上临时指定)。

4. 数据采集方法和步骤

数据采集前，保证仪器能存储测量的坐标数据。

(1) 对中、整平，安置仪器于测站点上(仪器安置方法同经纬仪)。

(2) 开机，进入数据采集菜单。按 MENU 进入主菜单，再选择数据采集进入。

(3) 输入测站点坐标，量取仪器高并输入，按记录键保存。

(4) 输入后视点坐标或者后视方位角，输入棱镜高，瞄准后视点并进行测量，按设置键保存。

(5) 开始进行数据采集。

(6) 数据采集结束后，要正常退出到主菜单(按 ESC 键)。

5. 数据传输

在进行数据传输之前，首先要检查通信线缆连接是否正确，电脑与全站仪的通信参数设置是否一致。

1) 参数设置

波特率　　　　　1200

字符/校验　　　　8 位/无校验

通信协议　　　　单向

2) 传输

通过各种传输软件。

6. 绘制地形图

(1) 展点(AutoCAD+CASS)。

绘图处理——展野外测量点点号。

(2) 利用屏幕菜单中提供的图式绘制各种地物。

(3) 展高程点(AutoCAD+CASS)。

绘图处理——展高程点。

(4) 对测得的地形图进行修剪。

(5) 加图框并打印出图。

7. 全站仪数据采集的详细步骤

按下[MENU]键，仪器进入主菜单 1/3 模式：按下[F1](数据采集)键，显示数据采集菜单 1/2，具体操作步骤如图 4.1 所示。

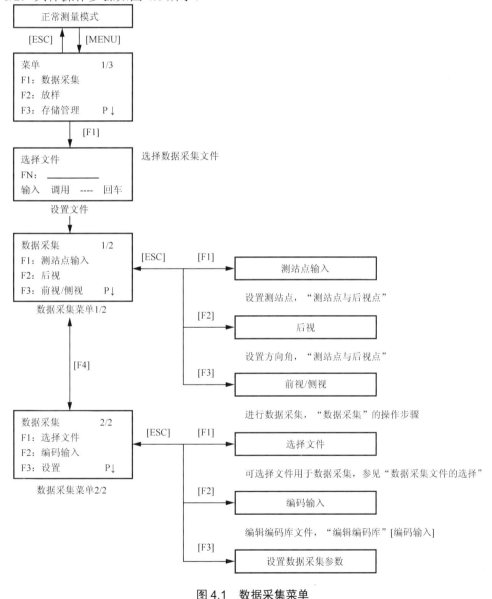

图 4.1　数据采集菜单

4.5 总平面竣工图的编绘

1. 目的与要求

通过训练，掌握建筑总平面竣工图的绘制(编绘)方法，具有绘制建筑总平面竣工图的能力。

2. 准备工作

1) 确定竣工总平面图绘制的比例

竣工总图的比例，应结合施工现场的大小及工程实际情况决定，其坐标系统、图幅大小、标注、图例符号及线条，应与原设计图一致。原设计图没有的图例符号，所选用的图例符号应符合相关规范的要求。

2) 绘制竣工总平面图坐标方格网

编绘竣工总平面图，首先要在图纸上精确绘出坐标方格网。现在通常我们使用已经绘制好坐标方格网的精度较高的聚酯薄膜。

3) 绘制控制点

以图纸上的坐标为依据，将控制网点按坐标展绘在图上，展绘点对临近的方格线而言，其容许误差为0.3mm。

4) 展绘设计总平面图

在编绘竣工总平面图之前，应根据坐标方格网，先将设计总平面图的内容按其设计坐标，用铅笔展绘于图纸上，作为底图。

3. 竣工总平面图的测绘

全站仪数字化测图包括以下三个阶段。

第一阶段：野外数据采集。

第二阶段：计算机处理。

第三阶段：成果输出三个阶段。

外业：数据采集是计算机绘图的基础，这一工作主要在外业期间完成。

内业：进行数据的图形处理，在人机交互方式下进行图形编辑，生成绘图文件。

1) 野外数据采集

测量工作内容：图根控制测量、测站点的增设和地形碎部点的测定。

测量工作方法：采用全站仪观测，用电子手簿记录数据(x、y、H)。

2) 数据处理和图形文件生成

(1) 图形文件的生成。外业记录的原始数据经计算机数据处理,生成图块文件,在计算机屏幕上显示图形。然后在人机交互方式下进行地形图的编辑,生成数字地形图的图形文件。

(2) 数据处理。是大比例尺数字测图的一个重要环节,它直接影响最后输出的图解图的图面质量和数字图在数据库中的管理。

3) 地形图和测量成果报表的输出

计算机数据处理的成果输出,可分三路:第一路到打印机,按需要打印出各种数据(原始数据、清样数据、控制点成果等);第二路到绘图仪,绘制地形图;第三路可接数据库系统,将数据存储到数据库,并能根据需要随时取出数据绘制任何比例尺的地形图。

4.6 全站仪定位放样

【全站仪——施工放样】

1. 目的与要求

(1) 练习用全站仪测设点位,要求点位误差不超过 1cm,角度误差不超过 40″,距离误差不超过 1/5000。

(2) 学会一般建筑的定位测量方法。

2. 仪器和工具

经纬仪(1 台)、钢尺(1 把)、测钎(6 根)、木桩(6 个)、锤子(1 把)、全站仪(1 台)、棱镜(1 块)及计算器(1 个)。

3. 全站仪定位测量的方法

1) 全站仪定位测量的原理

通过计算待放点和测站点所形成的直线与后视点和测站点所形成的直线之间的夹角,以及待放点与测站点之间的距离,确定待放点的位置,即极坐标法的应用。

2) 全站仪坐标放样法

(1) 适用:适用范围非常广。

(2) 方法:

① 选择点位放样菜单,输入测站点坐标并记录。

② 输入定向点坐标或者方位角,并瞄准测量定向。

③ 输入待放样点坐标,仪器上即会显示当前测站点到待放样点的距离和定向之后应该

偏转的角度。

④ 先转动全站仪照准部使方向角度差显示为0,然后拿棱镜杆到这一方向上进行量距,测量之后仪器上即会显示还需前进或者后退的距离差。

⑤ 反复操作,直到满足要求即可。

(3) 仪器操作流程

① "MENU"→ "放样"→输入文件名→"回车"(当全站仪内有此坐标文件可使用"调用")。

② "输入测站点"→"坐标"→输入 NEZ 坐标→"回车"(当全站仪内有此坐标可使用"调用")。

③ "输入后视点"→"NE/AZ"→输入 NE 坐标→"回车"→提示"照准?"→对准后视点→"是"(当全站仪内有此坐标可使用"调用")。

④ "输入放样点"→"坐标"→输入 NEZ 坐标→"回车"→输入棱镜高→"回车"→"角度"→让"dHR=0"→"距离"→让"dHD=0"→"模式"(当放新的点时,点击"继续")。

4. 实训任务

每组在指定区域内进行点位放样练习,控制点坐标已提供,待放样点坐标在课堂上临时提供。

要求:每组同学都能掌握用不同的方法进行点位放样。重点掌握极坐标法和全站仪坐标放样法。

5. 全站仪坐标放样案例

每个实训小组在规定的时间内(50min 内),根据假定的已知测站点坐标和已知定向点方位角,使用全站仪"放样"程序,放样三个坐标点组成三角形,并在地砖上用笔做好标记;在三角形的顶点上分别设站,用测回法一测回观测水平角并计算角度平均值,其中在该三角形指定的一个顶点上,用测回法一测回加测三角形另一点——该点——已知定向点之间的水平角,并计算角度平均值;在不同测站上,对测每一条边长并计算边长平均值;计算图形角度闭合差,在满足限差要求的情况下,平差计算角度值。要求每人至少完成三角形顶点一测站的边角观测记录工作。

全站仪坐标放样精度要求,水平角上下半测回较差≤30″;几何图形角度闭合差≤36″;4 个平差后的角度值与理论值限差均为 40″;边长平均值与理论值误差<1/6000。

4.7　测量放线实训总结

填写实训报告 7，见附录 E。要求测量放线实训总结在 800 字以上。

第5章 数字化测图技术

5.1 数字化测图的基本思想和作业模式

1. 数字化测图的基本思想

传统的地形测图(白纸测图)实质上是将测得的观测值(数值)用图解的方法转化为图形。这一转化过程几乎都是在野外实现的,即使是原图的室内整饰一般也要在测区完成,因此劳动强度较大;再则,这个转化过程将使测得的数据所达到的精度大幅度降低。特别是在信息剧增、建设日新月异的今天,一纸之图已难载诸多图形信息,变更、修改也极不方便,实在难以适应当前经济建设的需要。

数字化测图就是要实现丰富的地形信息和地理信息的数字化及作业过程的自动化或半自动化。它希望尽可能缩短野外测图时间,减轻野外劳动强度,而将大部分作业内容安排到室内去完成。与此同时,将大量手工作业转化为电子计算机控制下的机械操作,这样不仅能减轻劳动强度,而且不会降低观测精度。数字化测图的基本思想是将地面上的地形和地理要素(或称模拟量)转换为数字量,然后由计算机对其进行处理,得到内容丰富的电子地图,需要时由图形输出设备(如显示器、绘图仪)输出地形图或各种专题图图形。模拟量转换为数字量这一过程通常称为数据采集。目前数据采集方法主要有野外地面数据采集法、航片数据采集法、原图数字化法。数字化测图的基本思想与过程如图 5.1 所示。数字化测图

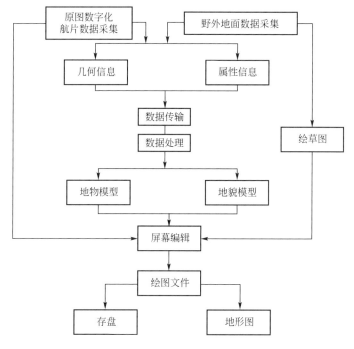

图 5.1 数字化测图过程

就是通过采集有关的绘图信息并及时记录在数据终端(或直接传输给便携机),然后在室内通过数据接口将采集的数据传输给计算机,并由计算机对数据进行处理,再经过人机交互的屏幕编辑,形成绘图数据文件。最后由计算机控制绘图仪自动绘制所需的地形图,最终由磁盘、磁带等储存介质保存电子地图。数字化测图的生产成品虽然仍是以提供图解地形图为主,但是它却是以数字形式保存着地形模型及地理信息。

2. 数字化测图作业模式

由于软件设计者思路不同和使用的设备不同,数字化测图有不同的作业模式。归纳起来可区分为两大作业模式,即数字测记模式(简称测记式)和电子平板测图模式(简称电子平板)。数字测记模式就是用全站仪(或普通测量仪器)在野外测量地形特征点的点位,用电子手簿(或 PC 卡)记录测点的几何信息及其属性信息,或配合草图到室内将测量数据由电子手簿传输到计算机,经人机交互编辑成图。测记式外业设备轻便、操作方便,野外作业时间短。由于是"盲式"作业,对于较复杂的地形,通常要绘制草图。电子平板测绘模式就是全站仪+便携机+相应测图软件,实施外业测图的模式。这种模式利用便携机的屏幕模拟测板在野外直接测图,可及时发现并纠正测量错误,外业工作完成图也就出来了,实现了内外业一体化。

从实际作业来看,数字化测图的作业模式是多种多样的。不同软件支配不同的作业模式,一种软件可支配多种测图模式。由于用户的设备、要求及作业习惯不同,我国目前数字化测图作业模式大致有以下几种。

(1) 全站仪+电子手簿测图模式。

(2) 普通经纬仪+电子手簿测图模式。

(3) 平板仪测图+数字化仪数字化测图模式。

(4) 旧图数字化成图模式。

(5) 测站电子平板测图模式。

(6) 镜站遥控电子平板测图模式。

(7) 航测相片量测成图模式。

各种作业模式的硬件连接方式和数据传输方式如图 5.2 所示。

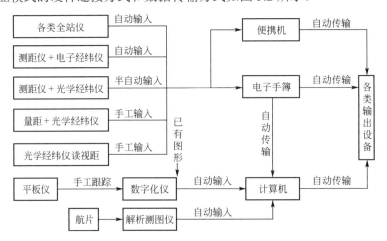

图 5.2 数字化测图的作业模式和数据传输方式

第一种作业模式是测记式,为绝大部分软件所支持。该模式使用电子手簿或全站仪内存自动记录观测数据,作业自动化程度较高,可以极大地提高外业工作的效率。采用这种作业模式的主要问题是地物属性和连接关系的采集。由于全站仪的采用,测站和镜站的距离可以拉得很远,因此测站上就很难看到所测点的属性及其与其他点的连接关系。属性和连接关系输入不正确,会给后期的图形编辑工作带来极大的困难。解决的方法之一是使用对讲机加强测站与立镜点之间的联系,以保证测点编码(简码)输入的正确性;解决的方法之二是将属性和连接关系的采集移到镜站用手工草图来完成,测站电子手簿或全站仪内存只记录定位数据(坐标),在内业编辑时用"引导文件"导入属性和连接关系。这样,既保证了数据的可靠性,又大幅度提高了外业工作的效率,是目前外业工作中常用的一种模式。

第二种作业模式适合暂时还没有条件购买全站仪的用户,它采用手工将观测数据输入到电子手簿,其他与第一种作业模式相同。由于用手工输入数据,其数据可靠性和工作效率显然都存在一定的问题。然而,由于它对仪器设备和人员能力的要求较低,也有一些单位仍在采用。

第三种作业模式也几乎被所有的数字化测图软件所支持。该模式的基本做法是先用平板测图方法测出白纸图,可不清绘,然后在室内用数字化仪将白纸图进行矢量化。就我国的基本国情和目前测绘行业的现状(设备条件、技术力量)而言,平板测图仍然被大部分测绘单位所采用,而某些工程项目却又需要数字地图,这时可采用这种折中的作业模式。然而,这种作业模式所得到的数字地图精度较低,特别是数字地图用于地籍管理等精度要求较高的工作时,精度问题就突出了。对于测绘数字地籍图,可以用第一种作业模式测量界址点,用平板仪测绘房屋、道路等平面图(不清绘),再用数字化仪将平面图数字化,转绘到界址点展点图(数字图)上,即可得到实用的数字地籍图。

第四种作业模式是我国早期(20 世纪 80 年代末、90 年代初)的数字化测图的主要作业模式。由于大多数城市都有精度较高、现势性较好的地形图,要制作多功能的数字地图,这些地形图是很好的数据源。1987—1997 年主要用手扶跟踪数字化仪数字化旧图。近年来,随着扫描矢量化软件的成熟,扫描仪逐渐取代数字化仪数字化旧图。先用扫描仪扫描得到栅格图形,再用扫描矢量化软件将栅格图形转换成矢量图形。这一扫描矢量化作业模式,不仅速度快、劳动强度小,而且精度几乎没有损失。

第五种作业模式即电子平板,它的基本思想是用计算机屏幕来模拟图板,用软件中内置的功能来模拟铅笔、直线笔、曲线笔,完成曲线光滑、符号绘制和线型生成等工作。具体作业时,将便携机移至野外,现测现画,也可不需要作业人员记忆输入数据编码。这种模式的突出优点是现场完成绝大部分工作,因而不易漏测,在测图时观念上也无须大的改变。这种作业模式对设备要求较高,起码要求每个作业小组配备一台档次较高的便携机,但在作业环境较差(如有风沙)的情况下,便携机容易损坏。由于点位数据和连接关系都在测站采集,当测站、镜站距离较远时,属性和连接关系的录入比较困难。这种作业模式适合条件较好的测绘单位,用于房屋密集的城镇地区的测图工作。

第六种作业模式将现代化通信手段与电子平板结合起来,从根本上改变了传统的测图作业概念。该模式由持便携式计算机的作业员在跑点现场指挥立镜员跑点,并发出指令遥控驱动全站仪观测(自动跟踪或人工照准),观测结果通过无线传输到便携机,并在屏幕上自动展点。作业员根据展点即测即绘，现场成图。由于由镜站指挥测站，能够"走到、看到、绘到"，不易漏测；能够同步"测、量、绘、注"，以提高成图质量。镜站遥控电子平板作业模式可形成单人测图系统，只要一名测绘员在镜站立对中杆，遥控测站上带伺服马达的全站仪瞄准镜站反光镜，并将测站上测得的三维坐标用无线电传输入电子平板仪并展点和注记高程，绘图员迅速、实时地把展点的空间关系在电子平板仪上描述(表示)出来。这种作业模式现已实现无编码作业，测绘准确，效率高，代表未来的野外测图发展方向。但该测图模式由于需要数据传输的通信设备、高档便携机及带伺服马达的全站仪(非单人测图时可用一般的全站仪)，设备较贵。

第七种作业模式的基本方法是：用解析测图仪或经过改造的立体坐标量测仪量测相片点的坐标，并将量测结果传送到计算机，形成数字化测图软件能支持的数据文件。经验证明，这种作业模式能极大地减少外业工作量，对于平坦地区的数字化测图显然是一种可行的方法。然而，由于受航测方法本身的局限和精度方面的限制，这种作业模式对于大比例尺成图来说，其应用范围会受到一定的限制。该作业模式已逐渐被全数字摄影测量所取代。

纵观上述各种作业模式，从原先如利用全站仪来进行点位测量必须要求测站和待测点之间通视，从这个意义上讲，在测量方式上与传统方法并没有本质区别，这在很大程度上影响了野外数据采集的作业效率。到近些年来，随着 GPS 技术的发展，利用 RTK 实时动态定位技术能够实时提供待测点的三维坐标，在测程 20km 以内可达厘米级的测量精度。目前，高精度、轻小型的 GPS 接收机已经全面推出，它对野外数字化测图系统的发展起到积极的推动作用。利用 GPS 作为数据采集手段的数字化测图系统已经走向市场，并以其较高的作业效率受到广大用户的青睐。

5.2 数字化测图的基本作业过程

数字化测图的作业过程与使用的设备和软件、数据源及图形输出的目的有关。但无论是测绘地形图，还是制作种类繁多的专题图、行业管理用图，只要是测绘数字图，都必须包括数据采集、数据处理和成果输出三个基本阶段，如图 5.3 所示。

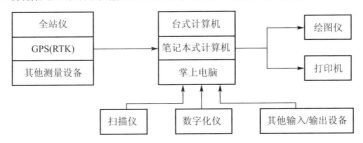

图 5.3 数字化测图系统示意图

目前，我国主要采用数字化仪法、航测法和大地测量仪器法采集数据。前两者主要是室内作业采集数据，大地测量仪器法是野外采集数据。

1. 野外数据采集

野外常规数据采集是工程测量中，尤其是工程中大比例尺测图获取数据信息的主要方法。而采集数据的方法随着野外作业的方法和使用的仪器设备不同可以分为以下三种形式。

(1) 普通地形图测图方法。使用普通的测量仪器，如经纬仪、平板仪和水准仪等，将外业观测成果人工记录到手簿中，再进行内业数据的处理，然后输入到计算机内。

(2) 测距经纬仪和电子手簿测图方法。用测距经纬仪进行外业观测，如距离、水平向和天顶距等，用电子手簿在野外进行观测数据的记录及必要的计算，并将成果储存。内业处理时再将电子手簿中的观测数据或经处理后的成果输入计算机中。

(3) 全站仪测图方法。用全站仪进行外业观测，测量数据自动存入仪器的数据终端，然后将数据终端通过接口设备输入到计算机中。由于现在各类全站仪的测量精度比较高，而电子记录又能如实地记录和处理，无精度损失，这种方法从外业观测到内业处理直至成果输出整个流程实现了自动化，是目前数字测图中精度最高的一种，是城市地区的大比例尺测图中主要的测图方法。现在大多数单位全站仪已经普及，并且功能越来越强大，这种方法已经成为野外数据采集的主要方法，如图 5.4 所示。

【全站仪——数据采集】

(4) GPS 接收机采集法。这种方法是通过 GPS 接收机采集野外碎部点的信息数据。特别是近些年来出现的 RTK 实时动态定位技术，这种测量模式是位于基准站(已知的基准点)的 GPS 接收机通过数据链将其观测值及基准站的坐标信息一起发给流动站的 GPS 接收机。流动站不仅接收来自参考站

【GPS——科力达 RTK 操作视频】

(基准站)的数据，还直接接收 GPS 卫星发射的观测数据，组成相位差分观测值，并实时处理，能够实时提供测点在指定坐标系的三维坐标。这种技术使用特别方便，能大大提高作业效率，已越来越多地被应用在开阔地区的地面数字化测图中，如图 5.5 所示。

图 5.4　全站仪外业采集数据　　　　　　　图 5.5　GPS 外业数据采集

2. 原图数字化采集

我国目前已拥有大量各种比例尺的纸质地形图，是十分宝贵的地理信息资源。为了充分利用这些资源，通过地图数字化的方法可以将其转换成数字地图。这种方法是利用原图在室内采集数据，因此称为原图数字化。原图数字化通常有两种方法：手扶跟踪数字化和扫描数字化。

(1) 手扶跟踪数字化。将地图平放在数字化仪的台面上，用一个带十字丝的游标，手扶跟踪等高线或其他地物符号，按等时间间隔或等距离间隔的数据流模式记录平面坐标，或由人工按键控制平面坐标的记录，高程则需由人工从键盘输入。这种方法的优点是所获取的向量形式的数据在计算机中比较容易处理；缺点是精度低、速度慢、劳动强度大和自动化程度低等。尽管在地图数字化技术发展的初期曾是地图数字化的主要方法，但目前已不适宜大批量现有地形图的数字化工作，一般只用于小批量或比较简单的地形图的数字化。

(2) 扫描数字化(或称屏幕数字化)。利用平台式扫描仪或滚筒式扫描仪将地图扫描，得到栅格形式的地图数据，即一组阵列式排列的灰度数据(数字影像)。将栅格数据转换成矢量数据即可以充分利用数字图像处理、计算机视觉、模式识别和人工智能等领域的先进技术，可以提供从逐点采集、半自动跟踪到自动识别与提取的多种互为补充的采集手段，具有精度高、速度快和自动化程度高等优点，随着有关技术的不断发展和完善，该方法已经成为地图数字化的主要方法，适宜于各种比例尺地形图的数字化，对大批量、复杂度高的地形图更具有明显的优势。国内已有许多优秀的矢量化软件如 GeoScan、Cass-CAN 及 MapGIS 等。

3. 航片数据采集

这种方法是以航空摄影获取的航空相片做数据源，即利用测区的航空摄影测量获得的立体像对在解析测图仪上或在经过改装的立体量测仪上采集地形特征点，自动转换成数字信息。这种方法工作量小，采集速度快，是我国测绘基本图的主要方法。由于精度原因，在大比例尺(如 1∶500)测图中受到一定限制。目前该法已逐渐被全数字摄影测量系统所取代。现在国内外已有 20 多家厂商推出数字摄影测量系统，如原武汉测绘科技大学推出的 Virtuozo、北京测绘科学研究院推出的 JX4A DPW、美国 Intergraph 公司推出的 ImageStation 和 Leica 公司推出的 Helava 数字摄影测量系统等。基于影像数字化仪、计算机、数字摄影测量软件和输出设备构成的数字摄影测量工作站是摄影测量、计算机立体视觉影像理解和图像识别等学科的综合成果，计算机不但能完成大多数摄影测量工作，而且借助模式识别理论，实现自动或半自动识别，从而大大提高了摄影测量的自动化功能。

全数字摄影测量系统大致作业过程为：将影像扫描数字化，利用立体观测系统观测立体模型(计算机视觉)，利用系统提供的一系列进行量测的软件——扫描数据处理、测量数据管理、数字走向、立体显示、地物采集、自动提取(或交互采集)DTM(数字地面模型)、自动生成正射影像等软件(其中利用了影像相关技术、核线影像匹配技术)，使量测过程自动化。全数字摄影测量系统在我国迅速推广和普及，目前已基本上取代了解析摄影测量。

5.3 数据处理

1. 概述

数字化测图的关键是进行数据处理，但这里讲的数据处理阶段是指在数据采集以后到图形输出之前对图形数据的各种处理。数据处理主要包括数据传输、数据预处理、数据转换、数据计算、图形生成、图形编辑与整饰、图形信息的管理与应用等。数据预处理包括坐标变换、各种数据资料的匹配、图形比例尺的统一及不同结构数据的转换等。数据转换内容很多，如将野外采集到的带简码的数据文件或无码数据文件转换为带绘图编码的数据文件，供自动绘图使用；将 AutoCAD 的图形数据文件转换为 GIS 的交换文件。数据计算主要针对地貌关系。当数据输入到计算机后，为建立数字地面模型绘制等高线，需要进行插值模型建立、插值计算及等高线光滑处理三个过程的工作。在计算过程中，需要给计算机输入必要的数据，如插值等高距、光滑的拟合步距等。必要时需对插值模型进行修改，其余的工作均由计算机自动完成。数据计算还包括对房屋类呈直角拐弯的地物进行误差调整，消除非直角化误差等。

经过数据处理后，可产生平面图形数据文件和数字地面模型文件。要想得到一幅规范的地形图，还要对数据处理后生成的"原始"图形进行修改、编辑、整理；还需要加上汉字注记、高程注记，并填充各种面状地物符号；还要进行测区图形拼接、图形分幅和图廓整饰等。数据处理还包括对图形信息的全息保存、管理与使用等。

数据处理是数字化测图的关键阶段，数据处理能力的关键是测图软件的功能。测图软件具有数据量大、算法复杂、涉及外部设备繁多等特点。目前，常用的数字化测图软件有以下几种。

(1) 广州南方测绘仪器公司的数字化成图软件。

(2) 威远图 SV300R2002 测图的标准化软件。

(3) 清华山维 EPSW2003 全息测图系统成图软件。

2. CASS 软件作图过程

CASS 软件是基于 AutoCAD 平台技术的 GIS 前端数据处理系统。该软件广泛应用于地形成图、地籍成图、工程测量应用及空间数据建库等领域，全面面向 GIS，彻底打通数字化成图系统与 GIS 接口，使用骨架线实时编辑、简码用户化、GIS 无缝接口等先进技术。自 CASS 软件推出以来，已经成长为用户量最大、升级最快且服务最好的主流成图系统。

CASS7.0 版本相对于以前各版本除了平台、基本绘图功能上做了进一步升级之外，还积极响应"金土工程"的要求，针对土地详查、土地勘测定界的需要开发了许多专业、实用的工具。在空间数据建库的前端数据的质量检查和转换上提供更灵活更自动化的功能，特别是为适应当前 GIS 系统对基础空间数据的需要。

在这里重点介绍使用 CASS7.0 软件的作图过程。CASS7.0 安装之后的主界面如图 5.6 所示。

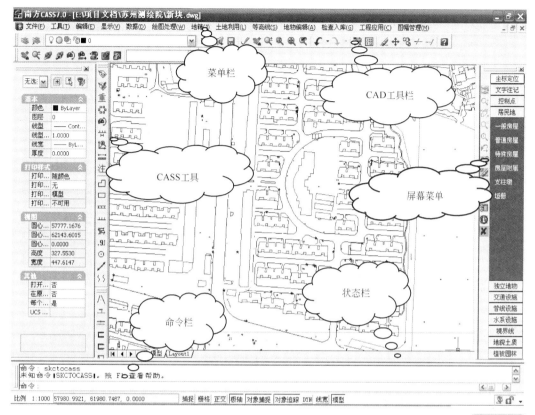

图 5.6　CASS7.0 主界面

1) 数据输入

在使用全站仪或者 GPS 进行外业数据采集后，需要先进行数据传输。一般是先通过【数据】菜单读取全站仪数据；还能通过测图精灵和手工输入原始数据来输入。

【全站仪——数据管理与数据传输】

在使用时，先将全站仪与计算机连接好，选择 CASS7.0 菜单栏中的菜单栏【数据】选项，选择【读取全站仪数据】，会出现如图 5.7 所示的界面，再选择正确的仪器类型，并在全站仪和 CASS7.0 中设置相同的通信参数：波特率、通信协议和字符/校验，然后选择【CASS 坐标文件】，设置存储路径并输入文件名。最后单击【转换】，即可将全站仪外业测量的数据转换成标准的 CASS 坐标数据。CASS 坐标数据的标准格式为：

点名，编码，Y 坐标，X 坐标，H 坐标

每个点的坐标的单位都是米；编码可输也可不输，但即使编码为空，后面的逗号也不能省略。

需要注意的是：如果仪器类型里无所需型号或无法通信，先用该仪器自带的传输软件将数据下载。将

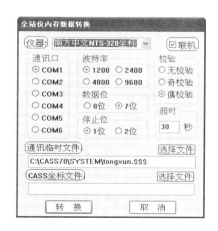

图 5.7　【全站仪内存数据转换】对话框

【联机】去掉,【通信临时文件】选择下载的数据文件,【CASS 坐标文件】输入文件名。单击【转换】,也可完成数据的转换。

2) 定显示区、展点

(1) 定显示区。鼠标指针移动到菜单栏【绘图处理】选项,单击即出现如图 5.8 所示的下拉菜单,单击【定显示区】项,即出现如图 5.9 的所示对话框,根据提示选择输入数据文件名,单击【打开】按钮,即确定了该文件确定的显示区域。

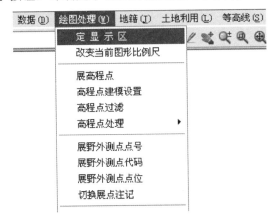

图 5.8 选择【定显示区】

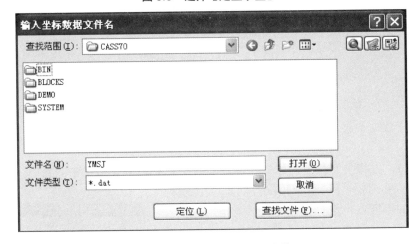

图 5.9 选择野外测点数据文件

(2) 选择测点点号定位成图法。单击右侧屏幕菜单中【测点点号】项,同样的方法输入数据文件,命令行提示:"读点完成! 共读入×个点。"

(3) 展野外测量点点号。移动鼠标指针到菜单栏【绘图处理】选项,在下拉菜单里选择【展野外测点点号】项,即出现如图 5.9 所示的对话框,用同样的方法输入数据文件,屏幕上即按照点的坐标展出了野外测量点的点号。

3) 绘制平面图和等高线

(1) 绘制平面图。根据外业所绘草图或者编码,采用"草图法"或者"编码引导法"进行绘制。绘图时,结合窗口右侧屏幕菜单,选择适当的地物符号进行绘制,只需将相应的外业测量点的点号按顺序连接，按照命令行的提示进行输入，软件即可自动生成所需的地形图标准图式符号。

(2) 绘制等高线。在地形图中，等高线是表示地貌起伏的一种重要手段。常规的平板测图，等高线是由手工描绘的，等高线可以描绘得比较圆滑但精度稍低。在数字化自动成图系统中，等高线是由计算机自动勾绘的，生成的等高线精度相当高。在绘等高线之前，必须先将野外测得的高程点建立数字地面模型(DTM)，然后在数字地面模型上生成等高线。

数字地面模型(DTM)，是在一定区域范围内规则格网点或三角网点的平面坐标$(x，y)$和其地物性质的数据集合，如果此地物性质是该点的高程 Z，则此数字地面模型又称为数字高程模型(DEM)。这个数据集合从微分角度三维地描述了该区域地形地貌的空间分布。DTM 作为新兴的一种数字产品，与传统的矢量数据相辅相成，在空间分析和决策方面发挥着越来越大的作用。借助计算机和地理信息系统软件，DTM 数据可以用于建立各种各样的模型解决一些实际问题，主要的应用有：按用户设定的等高距生成等高线图、透视图、坡度图、断面图、渲染图及与数字正射影像 DOM 复合生成景观图，或者计算特定物体对象的体积、表面覆盖面积等，还可用于空间复合、可达性分析、表面分析及扩散分析等方面。

进行绘图时，先通过菜单栏【等高线】选项建立数字地面模型(DTM)如图 5.10 所示，然后对其进行修改，主要是对三角网进行修改，最后再选择绘制等高线并对其进行修饰。

图 5.10 【等高线】菜单

【CASS 生成图框的步骤详解】

(3) 图幅整饰。地形平面图和等高线绘制完毕之后，还需要对图形进行整饰。进行图幅整饰时，应先对图形中的地物、地貌、高程点加入注记，包括文字注记和高程注记；然后根据地形图的大小，通过【绘图处理】菜单里的标准图幅或者任意图幅对地形图加入图框，如图 5.11 所示，填写相关信息之后，单击确定，就形成了带有图名、图框等信息的完整的数字地形图。

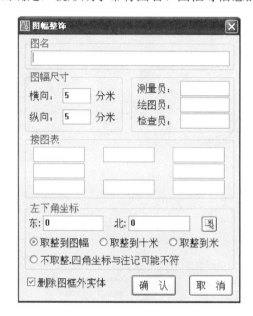

图 5.11 【图幅整饰】对话框

其他软件绘图方法基本相似，在此不再赘述。

5.4　成　果　输　出

　　经过数据处理以后，即可得到数字地图，也就是形成一个图形文件，由磁盘或磁带做永久性保存。也可以将数字地图转换成地理信息系统所需要的图形格式，用于建立和更新GIS 图形数据库。输出图形是数字测图的主要目的，通过对层的控制，可以编制和输出各种专题地图(包括平面图、地籍图、地形图、管网图、带状图及规划图等)，以满足不同用户的需要。可采用矢量绘图仪、栅格绘图仪、图形显示器及缩微系统等绘制或显示地形图图形。为了使用方便，往往需要用绘图仪或打印机将图形或数据资料输出。在用绘图仪输出图形时，还可按层来控制线划的粗细或颜色，以绘制美观、实用的图形。如果以生产出版原图为目的，可采用带有光学绘图头或刻针(刀)的平台矢量绘图仪，它们可以产生带有线划、符号和文字等高质量的地图图形。

5.5 检查验收

测绘产品的检查验收与质量是生产过程必不可少的环节，是测绘产品的质量保证，是对测绘产品的质量评价。为了控制测绘产品的质量，测绘工作者必须具有较高的质量意识和管理才能。因此，完成数字地形图成图后也必须做好检查验收工作。

1. 检查验收的依据

(1) 有关的测绘任务书、合同书中有关产品质量特性的摘录文件或委托检查、验收文件。

(2) 有关法规和技术标准。

(3) 技术设计书和有关的技术规定等。

2. 二级检查、一级验收制

对数字测绘产品实行过程检查、最终检查和验收制度。

过程检查由生产单位的中队(室)检查人员承担。最终检查由生产单位的质量管理机构负责实施。

验收工作由任务的委托单位组织实施，或由该单位委托具有检验资格的检验机构验收。各级检查工作必须独立进行，不得省略或代替。

3. 应提交检查验收的资料

提交的成果资料必须齐全，一般应包括以下内容。

(1) 项目设计书、技术设计书、技术总结等。

(2) 文档簿、质量跟踪卡等。

(3) 数据文件，包括图廓内外整饰信息文件、原始数据文件等。

(4) 作为数据源使用的原图或复制的底图。

(5) 图形或影像数据输出的检查图或模拟图。

(6) 技术规定或技术设计书规定的其他文件资料。

凡资料不全或数据不完整者，承担检查或验收的单位有权拒绝检查验收。

4. 检查验收的记录及存档

检查验收的记录包括质量问题的记录、问题处理的记录以及质量评定的记录等。记录必须及时、认真、规范、清晰。检查、验收工作完成后，须编写检查、验收报告，并随产品一起归档。

附录 A 综合应用案例

【从放线、测量到沉降观测的相关总结】

××公司办公大楼工程施工测量方案

1. 工程概况

××公司办公大楼工程位于天津经济技术开发区，地处五大街与相安路交口附近，建筑面积为 18315m²，结构形式为全现浇框架结构，建筑物檐高为 24.4m，室内外高差为 450mm，±0.000 相当于绝对标高为 4.450m。

基础为钢筋混凝土承台结构，埋深-1.700m，100mm 厚 C15 混凝土垫层，外轴线尺寸为 64.8m×57.6m，内设 3 部电梯。

2. 控制点的布置及施测

(1) 从场地实际情况看，连廊后期施工，拟建建筑物的四周场地狭小，故南北向和东西向控制点集中布设在东侧和北侧的原有混凝土路面上，西侧和南侧只布设远向复核控制点。

(2) 布设的控制点均引至四周永久性建筑物或马路上，且要求通视，采用正倒镜分中法投测轴线时或后视时均在观测范围之内。

(3) 根据甲方要求和测量大队提供的控制点形成四边形进行控制。

(4) 对楼层进行网状控制，兼顾±0.000 以上施工，设置①、⑨轴，Ⓐ、Ⓚ轴为控制轴。

(5) 根据甲方提供的高程控制点数据，向建筑物的东、西、南、北各引测一个固定控制点。

(6) 水准点按三等水准测量要求施测。

(7) 所有控制点设专人保护，定期巡视，并且每月复核一次，使用前必须进行复核。

3. 轴线及各控制线的放样

地面控制点布设完后，转角处边线采用 2″经纬仪进行复测。各轴线间距离采用钢尺量距检测，经校核无误后进行施测。

(1) 基础施工轴线控制，直接采用基坑外控制桩两点通视直线投测法，向基坑内投测轴线(采用三点成一线及转直角复测)，再按投测控制线引放其他细部控制线，且每次控制轴线的放样必须独立施测两次，经校核无误后方可使用。

(2) 由于基础挖深为 1.3m 左右，基础施工时的标高引测可以直接采用基坑外围的-0.500m 标高点。

(3) ±0.000 以上施工，采用正倒镜分中法投测其他细部轴线。

(4) ±0.000 以上高程传递，采用钢尺直接丈量法，若竖直方向有凸出部分，不便于拉尺时，可采用悬吊钢尺法。每层高度上至少设两个以上水准点，两尺倒入误差必须符合规范要求，否则独立施测两次。每层均采用首层统一高程点向上传递，不得逐层向上丈量，且层层校核，因±0.000 以上结构采用在固定的柱竖向钢筋上抄测结构 0.500m 控制点，以供结构施工标高控制，且必须校核无误。

(5) 各层平面放出的细部小线，特别是柱、墙的控制线必须校核无误，以便检查结构浇筑质量和以后进一步施工。

(6) 二次结构施工以原有控制轴线为准，引放其他墙体、门窗洞口尺寸。外窗洞口，采用经纬仪投测，以贯通控制线于外立面上，窗洞口标高以各层 50 线控制且外立面水平弹出贯通控制线，周圈闭合，以保证窗口位置正确，上下垂直，左右对称一致。

(7) 室内装饰面施工时，平面控制仍以结构施工控制线为依据，标高控制以建筑 50 标高线为准，要求交圈闭合，误差在限差范围内。

(8) 外墙四大角以控制轴线为准，保证四大角垂直方正，经纬仪投测上下贯通，竖向垂直线供装饰控制校核。

(9) 外墙壁饰面施工时，以放样图为依据，以外门窗洞口、四大角上下贯通控制线为准，弹出方格网控制线(方格网大小以饰面块材尺寸而定)。

4. 轴线及高程点放线程序

1) 基础工程(如图 A.1 所示)

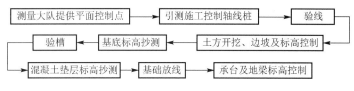

图 A.1 基础工程测量放线程序

2) 上部结构工程(如图 A.2 所示)

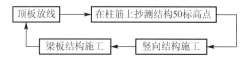

图 A.2 上部结构工程测量放线程序

3) 二次结构及装修工程(如图 A.3 所示)

图 A.3 二次结构及装修工程测量放线程序

5. 施工时的各项限差和质量保证措施

(1) 为保证误差在允许的范围内，各种控制测量必须执行相关测量规范，操作按规范要求进行，各项限差必须达到下列要求。

① 控制轴线，轴线间互差>20m，1/7000(相对误差)。

② 各种结构控制线相对于轴线小于等于±3mm。

③ 标高小于±5mm。

④ 垂直度层高小于等于 8mm，全高 1/1000 且不大于 3mm。

(2) 放样工作按下述要求进行。

① 仪器各项限差符合同级别仪器限差要求。

② 钢尺量距时, 对悬空和倾斜测量应在满足限差要求的情况下考虑垂曲及倾斜改正。

③ 标高抄测时, 采取独立施测两次法, 其限差为±3mm, 所有抄测应以水准点为后视。

④ 垂直度观测: 若采取吊垂球时应在无风的情况下, 如有风而不得不采取吊垂球时, 可将垂球置于水桶内。

(3) 细部放样应遵循下列原则。

① 用于细部测量的控制点或线必须经过检验。

② 细部测量坚持由整体到局部的原则。

③ 有方格网的必须校正对角线。

④ 方向控制尽量使用距离较长的点。

⑤ 所有结构控制线必须清楚明确。

6. 施工时的沉降观测

建筑物自身的沉降观测。

(1) 应设计要求, 本建筑物需做沉降观测, 要求在整个施工期间至沉降基本稳定为止进行观测。

(2) 本建筑物施工时沉降观测按二等水准测量要求进行, 观测精度见表 A-1。

表 A-1　沉降观测精度参考表

等级	标高中误差 (mm)	相邻高差中误差 (mm)	观测方法	往返较差复合或环形闭合差(mm)
二等	±0.5	±0.3	二等水准测量	$0.6n^{1/2}$(n 为测站数)

(3) 沉降观测点的设置: 在主楼平面 4 角及每边中点各一个, 竖向位置为 100~150mm。用于沉降观测的水准点必须设在便于保护的地方。观测点采用天津市统一制定的沉降观测标志点(天津市沉降控制测量办公室)。

(4) 结构施工期间, 每施工一层, 复测一次; 装修期间每月复测一次, 直至竣工。

(5) 工程竣工后, 第一年测 4 次, 第二年测 2 次, 第三年后每年测 1 次, 直至下沉稳定为止, 一般为 5 年。

(6) 观测资料应及时整理, 并与土建专业技术人员共同分析成果。

7. 测量复核措施及资料的整理

(1) 控制材料的复核措施按 2 和 3 的叙述进行。

(2) 细部放样采用不同人员、不同仪器或钢尺进行, 条件不允许的可独立施测两次。

(3) 外业记录采用统一格式, 装订成册, 回到内业及时整理并填写有关表格, 并由不同人员将原始资料及有关表格进行复核, 对于特殊测量要有技术总结和相关说明。

(4) 有高差作业或重大项目的要报请相关部门或上级单位复核并认可。

(5) 对各层放样轴线间距离等采用钢尺量距校核, 以达到准确无误。

(6) 所有测量资料统一编号, 分类装订成册。

8. 仪器的配备及人员的组成

1) 主要仪器的配备情况(表 A-2)

表 A-2 测量仪器配备一览表

序号	测量器具名称	型 号	单 位	数 量	备 注
1	光学经纬仪	DJ$_2$	台	2	工程开工即组织进场
2	自动安平水准仪		台	1	
3	钢尺	50m	把	2	
4	钢卷尺	5m	把	10	
5	塔尺	5m	把	2	

2) 测量人员组成

项目技术负责人：×名。

测量技术员：2 名。

9. 仪器保养和使用制度

(1) 仪器实行专人负责制，建立仪器管理台账，由专人保管并填写。

(2) 所有仪器必须每年鉴定一次，并经常进行自检。

(3) 仪器必须置于专业仪器柜内，仪器柜必须干燥、无尘土。

(4) 仪器使用完毕后，必须进行擦拭，并填写使用情况表格。

(5) 仪器在运输过程中，必须手提，禁止置于有振动的车上。

(6) 仪器现场使用时，司仪员不得离开仪器。

(7) 水准尺不得躺放，休息时，不得坐在三脚架、水准尺上。

10. 测量管理制度

(1) 所有测量人员必须持证上岗。

(2) 上岗前必须学习和掌握《城市测量规范》《工程测量规范》《建筑工程施工测量规程》及公司技术部制定的《测量管理制度》等基本文件。

(3) 到现场放样前，必须先熟悉图纸，对图纸技术交底中的有关尺寸进行计算、复核，制定具体的方案后方可进场施测。

(4) 所有测量人员必须熟悉控制点的布置，并随时巡视控制点的保存情况，如有破坏应及时汇报。

(5) 测量人员应了解工程进度情况，经常与有关领导和有关部门进行业务交流。

(6) 经常与技术干部保持联系，及时掌握图纸变更洽商，并及时将变更内容反映在图纸上。

(7) 爱护仪器，经常进行擦拭，检查时仪器保持清洁、灵敏，并定期维修。

(8) 有关外业资料要及时收集整理。

(9) 定期开展业务学习，努力提高测量人员素质。

(10) 必须全心全意为项目部服务，必须将所测的点或线向项目部交代清楚。

附录 **B** 《建筑工程测量》测试题

说明：本测试题是针对《建筑工程测量(第三版)》一书的配套练习题，可作为学生在期末考试前的自测题，也可作为期末考试前的随堂测试题。

《建筑工程测量》测试题(一)

一、名词解释(每题 2 分，共计 10 分)

1. 绝对高程

2. 水平角

3. 方位角

4. 等高线

5. 建筑物放线

二、填空(每空 1 分，共计 30 分)

1. 测量工作的基本内容有_____、_____和_____。

2. 在地面上测设点的平面位置常用的方法_____、_____、_____和_____。

3. 水准仪主要由_____、_____和_____三部分组成。

4. 双面水准尺有黑、红两个尺面，两个红面尺的起点分别是_____和_____。

5. 在水平角测量中影响测角精度的因素很多，主要有_____、_____以及_____的影响。

6. 距离测量的方法有_____、_____和_____。

7. 衡量精度的指标有_____、_____和_____。

8. 对线段 AB 进行往返丈量，两次丈量结果分别为 238.685m 和 238.635m，则 AB 的长度=_____m，相对精度 K=_____。

9. 等高线的种类有_____、_____、_____和_____。

10. 测设的基本工作包括_____、_____和_____。

三、判断题(每题 1 分,共计 10 分。正确的打"√",错误的打"×")

1. 距离交会法适用于测量控制点与待测设点距离较近,丈量方便时的定位测量。( )

2. 在进行闭合导线坐标计算时,坐标增量闭合差 f_x、f_y 的分配原则是:将其反符号按与边长成反比例,分配到各坐标增量的计算值中。 ( )

3. 槽底标高检查时,槽底对设计标高的允许误差为+50~-50mm。 ( )

4. 用经纬仪测水平角时,其测角误差的大小与测得的水平角的角值大小有关。( )

5. 6″级光学经纬仪用测回法测角时,各测回角值之差,不得大于 40″。 ( )

6. 龙门板钉好后还要用水准仪进行复查,误差不得超过±15mm。 ( )

7. 偶然误差可以用计算改正或用一定的观测方法加以消除。 ( )

8. 施工放样是将图纸上设计的建(构)筑物按其设计位置测设到相应的地面上。( )

9. 等高线是闭合的曲线,如果不在本幅图内闭合,则必在图外闭合。 ( )

10. 高层建筑物全高垂直度测量偏差不应超过 $3H/10000$(H 为建筑物总高度)。 ( )

四、简答题(每题 5 分,共计 20 分)

1. DJ_6 型经纬仪上有哪几条轴线?各轴线之间应满足什么几何条件?

2. 导线测量选点时应注意哪些事项?

3. 沉降观测时应尽可能做到哪四个固定?

4. 编绘竣工总平面图的目的是什么?

五、试述用测回法测量水平角的全过程(10 分)

六、计算题(共计 20 分)

1. 设已知直线 BC 的坐标方位角为 235°00′,又推算得直线 CD 的象限角为南偏东 45°00′,试求小夹角 $\angle BCD$,并绘图表示。(5 分)

2. 用精密方法测设水平角其设计角值为 $\beta=90°00'00''$。测设后用测回法测得该角度为 $\beta_1=89°59'12''$。如新测设的角的边长为 50.00m，问应该如何调整，才能符合设计要求？并绘图说明。(5 分)

3. 填表计算出各点间高差 h 及 B 点的高程 H_B 并进行计算检核。(10 分)

测点	水准尺读数/m		高差/m		高程/m	备 注
	后视	前视	+	-		
BM_A	1.677				158.768	H_A=158.768
1	1.575	1.635				
2	1.463	1.460				
3	1.488	1.108				
B		2.458				
$\sum$						
计算检核	$\sum a-b=$ $\sum h=$ $H_B-H_A=$					

《建筑工程测量》测试题(二)

一、名词解释(每题 4 分，共计 20 分)

1. 测量学

2. 绝对高程

3. 竖直角

4. 方位角

5. 建筑物定位

二、填空(每空 0.5 分，共计 20 分)

1. 测量工作的基本内容有_____、_____和_____。

2. 水准路线的布设形式有_____、_____和_____。

3. 经纬仪主要由_____、_____和_____三大部分组成。

4. 精密钢尺量距的三项改正是_____、_____和_____。

5. 导线的布设形式是_____、_____和_____。

6. 在地面上测设点的平面位置常用的方法有_____、_____、_____和_____。

7. 双面水准尺有黑、红两个尺面，两个红面尺的起点分别是_____和_____。

8. 地物符号有_____、_____、_____、_____。地貌主要用_____表示。

9. 标准方向的种类有_____、_____、_____。

10. 对线段 AB 进行往返丈量，两次丈量结果分别为 149.975m 和 150.025m，则 AB 的长度=_____m，相对精度=_____。

11. 等高线的种类有_____、_____、_____和_____。

12. 我国位于北半球，x 坐标均为_____，y 坐标则有_____。为了避免出现负值，将每带的坐标原点向_____km。

13. 建筑物沉降观测是用_____的方法，周期性地观测建筑物上的沉降观测点和水准基点之间的_____变化值。

三、简答题(每题 5 分，共计 25 分)

1. 建筑工程测量的主要任务是什么？

2. 微倾水准仪上有哪几条轴线？各轴线之间应满足什么条件？

3. 等高线有哪些特性？

4. 施工控制网与测图控制网相比，具有哪些特点？

四、简答题(15 分)

试述用经纬仪测绘法在一个测站上测绘大比例尺地形图的过程。

五、计算题(25 分)

1. 利用高程为 119.265m 的水准点 A，欲测设出高程为 119.854m 的 B 点。若水准仪安置在 A、B 两点之间，A 点水准尺读数为 1.836m，问 B 点水准尺读数应是多少？并绘图说明。(5 分)

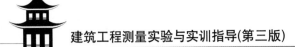
2. 已知直线 BC 的坐标方位角为 210°00′，直线 CD 的象限角为南偏东 60°00′，C 点的坐标为(200.00，300.00)，CD 的边长为 100m，试求小夹角 $\angle BCD$ 角度及 D 点的坐标，并绘图表示。(10 分)

3. 试计算下表所列闭合导线点 B、C、D 的坐标。(10 分)

(注：辅助计算中写出计算公式和得数)

点号	距离/m	坐标增量/m		改正后坐标增量/m		坐标值/m	
		ΔX	ΔY	ΔX	ΔY	X	Y
A						1000.00	2000.00
	125.81	−109.50	+61.95				
B							
	162.91	+57.94	+152.26				
C							
	136.84	+126.67	−51.77				
D							
	178.76	−74.99	−162.27				
A							
总和							
辅助计算	$f_x=\sum\Delta x=$ $f_y=\sum\Delta y=$	$v_{xi}=-\dfrac{f_x}{\sum D}D_i=$ $v_{yi}=-\dfrac{f_y}{\sum D}D_i=$		$f_D=\sqrt{f_x+f_y}=$ $k=\dfrac{1}{\sum D/f_D}=$			

《建筑工程测量》测试题(三)

一、填空题(每空 1 分,共计 30 分)

1. 测量工作的基本内容有_____、_____和_____。

2. 在水平角测量中影响测角精度的因素很多,主要有_____、_____,以及_____的影响。

3. 经纬仪由_____、_____和_____三部分组成。

4. 距离测量的方法有_____、_____和_____。

5. 衡量精度的指标有_____、_____和_____。

6. 等高线的种类有_____、_____、_____和_____。

7. 地物符号有_____、_____、_____和_____。地貌主要用_____表示。

8. 我国位于北半球,x 坐标均为_____,y 坐标则有_____。为了避免出现负值,将每带的坐标原点向_____移动_____km。

9. 1 : 2000 比例尺地形图上 5cm 相对应的实地长度为_____m。

10. 若知道某地形图上线段 AB 的长度是 5.2cm,而该长度代表实地水平距离为 1040m,则该地形图的比例尺为_____,比例尺精度为_____。

二、名词解释(每题 2 分,共计 10 分)

1. 相对高程

2. 竖直角

3. 象限角

4. 比例尺精度

5. 大地水准面

三、选择题(每题 1 分，共计 20 分)

1. 水准测量中，设后尺 A 的读数 a=2.713m，前尺 B 的读数为 b=1.401m，已知 A 点的高程为 15.000m，则视线高程为(　　)m。

A. 13.688　　　　　B. 16.312　　　　　C. 16.401　　　　　D. 17.713

2. 在水准测量中，若后视点 A 的读数大，前视点 B 的读数小，则有(　　)。

A. A 点比 B 点低　　　　　　　　　　B. A 点比 B 点高

C. A 点与 B 点可能同高　　　　　　　D. A、B 的高差取决于仪器高度

3. 水准仪的(　　)应平行于仪器竖轴。

A. 视准轴　　　　　　　　　　　　　　B. 十字丝横丝

C. 圆水准器轴　　　　　　　　　　　　D. 管水准器轴

4. 经纬仪测量水平角时，正倒镜瞄准同一方向所读的水平方向值理论上应相差(　　)。

A. 180°　　　　　　B. 0°　　　　　　　C. 90°　　　　　　D. 270°

5. 用经纬仪测水平角和竖直角，采用正倒镜方法可以消除一些误差，下面哪个仪器误差不能用正倒镜法消除(　　)。

A. 视准轴不垂直于横轴　　　　　　　　B. 竖盘指标差

C. 横轴不水平　　　　　　　　　　　　D. 竖轴不竖直

6. 测回法测水平角时，如要测四个测回，则第二测回起始读数为(　　)。

A. 15°00′00″　　　　　　　　　　　　B. 30°00′00″

C. 45°00′00″　　　　　　　　　　　　D. 60°00′00″

7. 测回法适用于(　　)。

A. 单角　　　　　　　　　　　　　　　B. 测站上有三个方向

C. 测站上有三个以上方向　　　　　　　D. 所有情况

8. 用经纬仪测竖直角，盘左读数为81°12′18″，盘右读数为278°45′54″。则该仪器的指标差为(　　)。

A. 54″　　　　　　B. -54″　　　　　　C. 6″　　　　　　　D. -6″

9. 在竖直角观测中，盘左、盘右取平均值是否能够消除竖盘指标差的影响？(　　)

A. 不能　　　　　　　　　　　　　　　B. 能消除部分影响

C. 可以消除　　　　　　　　　　　　　D. 二者没有任何关系

10. 某段距离丈量的平均值为 100m，其往返误差为+4mm，其相对误差为(　　)。

A. 1/25000　　　　B. 1/25　　　　　　C. 1/2500　　　　　D. 1/250

11. 坐标方位角的取值范围是(　　)。

A. 0°～270°　　　　B. -90°～+90°　　　C. 0°～360°　　　　D. -180°～+180°

12. 某直线的坐标方位角与该直线的反坐标方位角相差(　　)。

A. 270°　　　　　　B. 360°　　　　　　C. 90°　　　　　　　D. 180°

13. 地面上有 A、B、C 三点，已知 AB 边的坐标方位角为 α_{AB}=35°23′，测得左夹角 $\angle ABC$=89°34′，则 CB 边的坐标方位角 α_{CB}=(　　)。

A. 304°57′　　　　B. 124°57′　　　　　C. -54°11′　　　　　D. 305°49′

14. 在距离丈量中，衡量其丈量精度的标准是( )。

A. 观测误差   B. 相对误差   C. 中误差   D. 往返误差

15. 下列误差中( )为偶然误差。

A. 照准误差和估读误差   B. 横轴误差和指标误差

C. 水准管轴不平行与视准轴的误差   D. 相对误差

16. 测量误差主要有系统误差和( )。

A. 仪器误差   B. 观测误差   C. 容许误差   D. 偶然误差

17. 钢尺量距中，钢尺的尺长误差对距离丈量产生的影响属于( )。

A. 偶然误差   B. 系统误差

C. 可能是偶然误差也可能是系统误差   D. 既不是偶然误差也不是系统误差

18. 丈量一正方形的四条边长，其观测中误差均为±2cm，则该正方形周长的中误差为±( )cm。

A. 0.5   B. 2   C. 4   D. 8

19. 对某边观测 4 测回，观测中误差为±2cm，则算术平均值的中误差为( )。

A. ±0.5cm   B. ±1cm   C. ±4cm   D. ±2cm

20. 对某角观测 1 测回的中误差为±3″，现要使该角的观测结果精度达到±1.4″，需观测( )个测回。

A. 2   B. 3   C. 5   D. 4

四、简答题(每小题 5 分，共计 15 分)

1. DJ_6 型经纬仪上有哪几条轴线？各轴线之间应满足什么几何条件？

2. 导线测量选点时应注意哪些事项？

3. 试简述用测回法测量水平角的全过程。

五、计算题(共计 25 分)

1. 对某线段丈量六次，其结果为 L_1=246.535m，L_2=246.548m，L_3=246.520m，L_4=246.529m，L_5=246.550m，L_6=246.537m。试求：(1)该线段的最或然值；(2)观测值的中

误差；(3)该线段的最或然值中误差及相对误差。(10 分)

2. 已知待测点 P 坐标为 $Y_P=4903.596$m，$X_P=3023.793$m，已知点 A 的坐标 $Y_A=4802.732$m，$X_A=2983.765$m，计算 $A \sim P$ 方位角 α_{AP} 和 $A \sim P$ 的距离 S_{AP}。(5 分)

3. 下图是一水准路线图，已知水准点 BM_A 的高程为 165.250m，现拟测定 B 点的高程，观测数据列于下表中，试计算 B 点高程。(10 分)

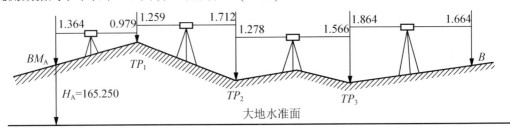

水准测量手簿

| 测站 | 测点 | 水准尺读数 | | 高差 | | 初算高程 | 备注 |
		后视 a	前视 b	+	−		
1	BM_A	1.364				165.250	已知高程
	TP_1		0.979				
2	TP_1	1.259					
	TP_2		1.712				
3	TP_2	1.278					
	TP_3		1.566				
4	TP_3	1.864					
	B		1.664				
计算检核	$\sum$			$\sum h =$		$H_{终} - H_{始}$	
	$\sum a - \sum b$						

《建筑工程测量》测试题(四)

一、单项选择题(每题 1 分,共计 15 分)

1. 测量学中,称( )为测量工作的基准面。

A. 水平面　　　　　B. 参考椭球面　　　C. 大地水准面　　　D. 赤道面

2. 已知某导线的一条导线边边长 $S=1000m$,该导线边的测量中误差是±500mm,则该导线边的相对中误差为( )mm。

A. 20/1　　　　　　B. ±0.5　　　　　　C. 1/1000　　　　　D. 1/2000

3. 尺长误差和温度误差属( )。

A. 偶然误差　　　　B. 系统误差　　　　C. 中误差　　　　　D. 观测误差

4. 地面点沿正常重力线方向至似大地水准面的距离称为( )。

A. 正常高　　　　　B. 大地高　　　　　C. 正高　　　　　　D. 高程异常

5. 经纬仪视准轴检验和校正的目的是( )。

A. 使视准轴垂直于横轴　　　　　　　　B. 使横轴垂直于竖轴

C. 使视准轴平行于水准管轴　　　　　　D. 使水准管轴垂直于竖轴

6. 由一特定方向北端起始,按顺时针方向量到某一直线的水平角,称为该直线的( )。

A. 象限角　　　　　B. 方位角　　　　　C. 右折角　　　　　D. 左折角

7. 某直线段 AB 的坐标方位角为230°,其两端点间坐标增量的正负号为( )。

A. $-\Delta x$,$+\Delta y$　　B. $+\Delta x$,$-\Delta y$　　C. $-\Delta x$,$-\Delta y$　　D. $+\Delta x$,$+\Delta y$

8. 对于长度测量来说,一般用( )作为衡量精度的指标。

A. 中误差　　　　　B. 相对中误差　　　C. 权　　　　　　　D. 真误差

9. 三等水准测量的观测顺序是( )。

A. 前—后—前—后　　　　　　　　　　B. 后—前—后—前

C. 前—前—后—后　　　　　　　　　　D. 后—前—前—后

10. 我国的高斯平面直角坐标系的 X 的自然坐标值为( )。

A. 均为负值　　　　B. 均为正值　　　　C. 有正有负　　　　D. 与投影带有关

11. 对某量进行 9 次等精度观测,已知观测值中误差为±0.3mm,则该观测值的算术平均值的精度为( )。

A. ±0.1mm　　　　B. ±0.3mm　　　　C. ±0.6mm　　　　D. ±0.27mm

12. 水平角观测时,用盘左、盘右两个位置观测可消除( )。

A. 视准轴误差　　　　　　　　　　　　B. 读数误差

C. 竖轴倾斜误差　　　　　　　　　　　D. 度盘刻划误差

13. 等精度观测值的简单平均值的中误差与( )平方根成反比。

A. 观测误差　　　　B. 观测次数　　　　C. 真误差　　　　D. 观测值

14. 影响测量精度的因素有( )。

A. 记错数据　　　　B. 没有照准目标　　C. 读错数据　　　　D. 观测者的水平

15. 相邻两条等高线垂直投影到同一水平面后，二者之间的水平距离叫( )。

A. 等高距　　　　　B. 基本等高距　　　C. 等高线平距　　　D. 等高线高差

二、多项选择题(每题 2 分，共计 30 分)

1. 距离测量中，按使用的仪器和工具的不同，主要分为( )。

A. 钢尺量距　　　　B. 视距测量　　　　C. 电磁波测距　　　D. 三角测量

2. 电磁波测距主要使用的仪器有( )。

A. 手持测距仪　　　B. 电子速测仪　　　C. 红外测距仪　　　D. 全站仪

3. 关于纵横断面测量，说法正确的有( )。

A. 纵断面图是通过基平测量、中平测量测定各里程桩高程后编制的表示沿线地形起伏的断面图

B. 纵断面测量的主要目的是为设计人员进行纵向设计提供资料

C. 横断面图是在中线各里程桩处，垂直于中线方向有一定宽度的断面图

D. 横断面图是土方工程量计算的依据

4. 下列施工控制网的特点中，说法正确的有( )。

A. 控制网点位设置应考虑到施工放样的方便

B. 控制网精度较高，且具有较强的方向性和非均匀性

C. 常采用施工坐标系统

D. 投影面的选择应满足"按控制点坐标反算的两点间长度与两点间实地长度之差应尽可能大"的原则

5. 经纬仪可用于测量( )。

A. 水平角　　　　　B. 竖直角　　　　　C. 距离　　　　　　D. 高差

6. 根据观测误差的性质，观测误差可分为( )。

A. 系统误差　　　　B. 偶然误差　　　　C. 读数误差　　　　D. 真误差

7. 水平角观测时，用盘左、盘右两个位置观测可消除( )。

A. 视准轴误差　　　B. 横轴误差　　　　C. 竖轴倾斜误差　　D. 度盘刻划误差

8. 以下属于 GPS 特点的是( )。

A. 定位精度高　　　　　　　　　　　B. 操作简便

C. 可提供三维坐标　　　　　　　　　D. 受天气影响

9. 测量中，需要观测垂直角的工作有( )。

A. 确定地面点的高程位置　　　　　　B. 将斜距化算为平距

C. 水平角的放样　　　　　　　　　　D. 水准测量

10. 受大气折光影响的测量工作有( )。

A. GPS 测量　　　　B. 三角高程测量　　C. 垂直角观测　　　D. 钢尺量距

11. 目前典型的内外业一体化测图系统的硬件设备一般有( )组成。

A. 数据采集系统   B. 数据处理系统

C. 内业机助制图系统   D. 成果输出系统

12. 地面上某一点沿铅垂线方向值大地水准面的距离称为( )。

A. 相对高程   B. 海拔   C. 正高   D. 绝对高程

13. 三角高程测量中的误差来源有( )。

A. 大气折光的影响   B. 地球球面弯曲的影响

C. 观测者的水平   D. 记错数据

14. 平面控制点坐标的测量方法有( )。

A. 三角测量   B. 导线测量   C. 天文定位测量   D. GPS 定位测量

15. 水平角测前准备按顺序为( )。

A. 安置仪器   B. 选定零方向   C. 做好记录准备   D. 寻找观测目标

三、判断题(每题 1 分,共计 10 分)

1. GPS 绝对定位直接获得的测站坐标为西安 80 坐标。   ( )

2. 经纬仪的圆水准器气泡居中时,垂直轴应该与铅垂线平行。   ( )

3. 坐标正算就是通过已知点 A、B 的坐标,求出 AB 的距离和方位角。   ( )

4. 望远镜的作用是将物体放大,而不是人眼观察物体的视角放大了。   ( )

5. 无论是测图控制网还是施工控制网,控制网布设一般应遵循从整体到局部、分级布网的原则,不允许越级布设平面控制网。   ( )

6. 周期误差,加、乘常数是电磁波测距仪检验的三项主要误差。   ( )

7. 在测量中,通常可以用算术平均值作为未知量的最或然值,那么通过增加观测次数就可以提高观测值的精度。   ( )

8. 地面上两个点之间的绝对高程之差与相对高程之差是不相同的。   ( )

9. 为了更好地找寻照准目标,用电磁波测距仪测距时,要选择在中午阳光好时进行观测。   ( )

10. 根据"四舍五入"的取值规律,51°23′35″和51°23′34″的平均值是51°23′35″。( )

四、简答题(共 5 题,每小题 3 分,总计 15 分)

1. 什么是视差?如何消除视差?

2. 简述水平角、竖直角的定义。

3. 什么是观测条件?

4. 简述数字化测图的基本成图过程。

5. 偶然误差的基本特性是什么？

五、计算题(共 5 题，第 1、2、3 题各 5 分，第 4 题 7 分，第 5 题 8 分，总计 30 分)

1. 测得一正方形的边长 $a=65.37\text{m}\pm0.03\text{m}$。试求正方形的面积及其中误差。

2. 已知图中所注记的观测值及 $X_A=6180.401\text{m}$，$Y_A=1200.700\text{m}$，$X_B=6578.926\text{m}$，$Y_B=1199.000\text{m}$，$S_{AP}=87.966\text{m}$。试求 P 点的坐标。

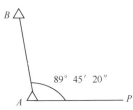

3. 有一组观测值如下，计算：(1)最或然值 X；(2)观测值中误差；(3)最或然值中误差。

观测值编号	观测距离/m	v_i	v_iv_i
1	300.568		
2	300.547		
3	300.571		
4	300.560		
5	300.557		
$\sum$			

4. 简略图，数据见下表，推算各导线边的方位角。

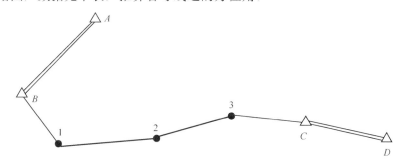

点名	观测角(β) (° ′ ″)	改正数(V_β) (″)	方位角(α) (° ′ ″)
A			
B	173 25 13	( )	192 59 22
1	77 23 19	( )	( )
2	158 10 46	( )	( )
3	193 35 13	( )	( )
C	197 58 03	( )	( )
D			93 31 10

5.如图为单一结点水准网，计算结点 E 的高程最或然值。

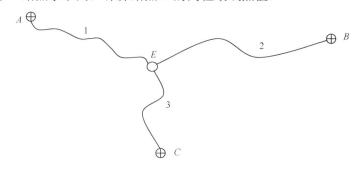

水准路线	点名	高程 /m	路线长度 /km	观测高差 /m	E 点观测高程 /m	P=10/S
1	A	57.960	4.56	−9.201	( )	( )
2	B	57.060	5.14	−8.293	( )	( )
3	C	41.202	4.03	+7.556	( )	( )

附录C 测量实习记录表格

专业：

班级：

组别：

组员：

学号：

年　　月　　日

填 表 说 明

(1) 此表格是测量实习时所用的表格,即在实习周使用。

(2) 所有表格均用铅笔认真填写,清晰整洁。

(3) 表中各项内容(特别是表头处)均需填写,不得缺项,否则该表以零分计。

(4) 表格不够用时可另加附表。

实习报告 1　水准仪检验表

1. 一般检查

三脚架是否牢固		校正后情况	
制动及微动螺旋是否有效			
其他			

2. 圆水准器轴平行于竖轴

转 180°检验次数	气泡偏离情况/mm	校正后情况

3. 十字丝横丝垂直于竖轴

检验次数	误差情况	校正后情况
1		
2		

4. 视准轴应平行于水准管轴(i 角=$\Delta h/D_{AB} \cdot \rho$，$i$ 角应$\leqslant 20''$，其中 $\Delta h = a_2 - a'_2$)

仪器在中点求正确高差			仪器在 B 点旁检验校正		
第一次	A 点尺上读数 a_1		第一次	B 点尺上读数 b_2	
	B 点尺上读数 b_1			A 点尺上读数 a_2	
	$h_1 = a_1 - b_1$			A 点尺上应读数 $a'_2 = b_2 + h_1$	
				视准轴偏上(或偏下)之数值 i 角	
第二次	A 点尺上读数 a_3		第二次	B 点尺上读数 b_4	
	B 点尺上读数 b_3			A 点尺上读数 a_4	
	$h_2 = a_3 - b_3$			A 点尺上应读数 $a'_4 = b_4 + h_2$	
				视准轴偏上(或偏下)之数值 i 角	
平均值	平均高差 $h = \frac{1}{2}(h_1 + h_2) =$		校正后	B 点尺上读数 b	
				A 点尺上读数 a	
				A 点尺上应读数 $a' = b + h$	
				视准轴偏上(或偏下)之数值 i 角	

实习报告 2　经纬仪检验表

1. 一般检查

三脚架是否牢固		螺旋等处是否清洁	
仪器转动是否灵活		望远镜成像是否清晰	
制动及微动螺旋是否有效		其他	

2. 水准管轴垂直于竖轴

检验(照准部转 180°)次数	1	2	3	4	校正后
气泡偏离格数					

3. 十字丝竖丝垂直于横轴

检验次数	误差情况	校正后情况
1		
2		

4. 视准轴垂直于横轴($2c$ 差)1/4 法

	仪器	检查项目	横尺读数	校正后复查	检查项目	横尺读数
检查	位置 O	盘左 B_1			盘左 B_1	
	后视 A	盘左 B_2			盘右 B_2	
	倒转望	B_2-B_1			B_2-B_1	
	远镜前视 B	$(B_2-B_1)/4$			$(B_2-B_1)/4$	

5. 横轴垂直于竖轴

第一次检验	记录	第二次检验	记录
瞄准高点时的竖直角		瞄准高点时的竖直角	
仪器离墙面的距离		仪器离墙面的距离	
$P_1P_2=$		$P_1P_2=$	
P_1 在 P_2(左、右)		P_1 在 P_2(左、右)	

6. 竖盘指标差

目标	竖盘位置	竖盘读数	竖盘指标差	竖盘水平始读数
	左			$L_0=$
	右			$R_0=$

实习报告 3 钢尺检验记录计算表

钢尺号码：				拉力：		温度：$t_0=$	
标准尺长 L_0	尺长误差 ΔL				每米改正数	尺长方程式	
	1	2	3	平均	$\Delta L/L_0$	$L=L_0+\Delta L+\alpha(t-t_0)L_0$ $\alpha=0.0000125\text{m}/℃$	

实习报告 4　一般方法钢尺量距手簿

线段名称	测量方向	整尺段数 (n)	零尺段长度 q /m	线段长度 $D=nL+q$ /m	平均长度 $D_P=\dfrac{D_{往}+D_{返}}{2}$	往返差 $\Delta D=\|D_{往}-D_{返}\|$	相对误差 $K=\dfrac{1}{D_P/\Delta D}$	观测磁方位角 /(° ′ ″)
	往							
	返							
	往							
	返							
	往							
	返							
	往							
	返							
	往							
	返							
	往							
	返							
	往							
	返							
	往							
	返							
	往							
	返							
	往							
	返							
	往							
	返							
	往							
	返							

实习报告 5　钢尺精密量距手簿

钢尺号码：　　　　　　　　钢尺膨胀系数：　　　　　　钢尺检定时温度 t_0：

钢尺名义长度 l_0：　　　　钢尺检定长度 l'：　　　　　钢尺检定时拉力：

尺段编号	实测次数	前尺读数/m	后尺读数/m	尺段长度/m	温度/(℃)	高差/m	温度改正数/mm	尺长改正数/mm	高差改正数/mm	改正后尺段长/m
	1									
	2									
	3									
	平均									
	1									
	2									
	3									
	平均									
	1									
	2									
	3									
	平均									
总和										

$AB_{往}=$　　　　　　　　(m)　　　　　　　　$AB_{返}=$　　　　　　　(m)

$\overline{D}_{AB}=\dfrac{1}{2}(AB_{往}+AB_{返})=$　　　(m)　　　$k=\dfrac{AB_{往}-AB_{返}}{D_{AB}}=\dfrac{1}{\quad}$

$k_{空}=\dfrac{1}{\quad}$　　　　　　　　　　　　　$D_{AB}=\overline{D}_{AB}$　　　　　(m)

实习报告 6 导线测量手簿

仪器位置	竖盘位置	目标	度盘读数 /(° ′ ″)	水平角值 (右角或左角) /(° ′ ″)	平均角值 (右角或左角) /(° ′ ″)	边名	边长 /m	备注 (示意图)
	左							
	右							
	左							
	右							
	左							
	右							
	左							
	右							
	左							
	右							
	左							
	右							
	左							
	右							

实习报告 7 四等水准测量记录手簿

测段编号	测站	后尺 上丝① 下丝② 后视距⑨ 视距差⑨-⑩	前尺 上丝④ 下丝⑤ 前视距⑩ 累计差⑫+⑪	方向及尺号	水准尺中丝读数 黑面 后③前⑥	红面 后⑧前⑦	K+黑-红	平均高差/m	备注(草图)
				后					
				前					
				后-前					
				后					
				前					
				后-前					
				后					
				前					
				后-前					
				后					
				前					
				后-前					
				后					
				前					
				后-前					
每页校核									
辅助计算									

实习报告 8　坐标计算

日期：　　　　　　　　　　　　　　　　　　　　　　　　　　　　　　　　　　　　　　计算：

点号	观测角 /(° ′ ″)	改正数 /(° ′ ″)	改正角 /(° ′ ″)	坐标方位角 α /(° ′ ″)	距离 D /m	增量计算值		改正后增量		坐 标 值		点号
						Δx/m	Δy/m	Δx/m	Δy/m	x/m	y/m	
∑											示意图	
辅助计算												

实习报告 9 水准高程内业计算表

点号	测段编号	距离/m	测站数/站	实测高差/m	改正数/mm	改正后高差/m	高程/m	点号	备注
$\sum$									

辅助计算

高差闭合差 $f_h=$

容许闭合差 $f_{h容}=$

实习报告 10 地形测量手簿

日期：　　　　天气：　　　　仪器号码：　　　　立尺：　　　　观测：　　　　记录：　　　　绘图：

测站：　　　　后视：　　　　仪器高 $i=$ 　　m 竖盘水平时读数：　　　　测站高程：　　　　m

测点	水平角 /(° ′ ″)	下丝	上丝	视距 /m	中丝	竖盘读数 /(° ′ ″)	竖直角 /(° ′ ″)	平距 /m	高差 /m	高程 /m	备注

附录 **D** 测量实验记录表格

专业：

班级：

组别：

姓名：

学号：

年　　月　　日

实验报告 1 水准仪的构造与使用

1. 完成下列填空

安装仪器后，转动_____使圆水准器气泡居中，转动_____看清十字丝，通过_____粗瞄水准尺，转动_____精确照准水准尺，转动_____消除视差，转动_____使水准管气泡居中，最后读取读数。

2. 完成手簿中高差计算

水准测量手簿

测站	点　号		后视读数	前视读数	高　差		备　注
					+	−	
	后视						
	前视						
	后视						
	前视						
	后视						
	前视						
	后视						
	前视						
	后视						
	前视						
	后视						
	前视						
验算	$\sum$		$\sum a =$	$\sum b =$	$\sum +h =$	$\sum -h =$	
	$\sum a - \sum b =$						

3. 学习中的疑难问题

实验报告 2　高差法水准测量手簿（闭合水准路线）

1. 高差法水准测量手簿

测段	测点	后视读数 a/m	前视读数 b/m	高差 h/m		高程 H/m	备注
				+	−		
						100.000	已知点
计算检核		$\sum a =$	$\sum b =$	$\sum +h =$	$\sum -h =$	$H_{终} - H_{始} =$	
		$\sum a - \sum b =$		$\sum h =$			

2. 视线高法水准测量手簿(闭合水准路线)

测点	后视读数 a/m	视线高 H_i/m	前视读数 b/m 转点	中间点	高程 H /m	备 注
BM_0						
$\sum a$			$\sum b$		$H_{终}-H_{始}=$	
$\sum a - \sum b$						

3. 闭合水准路线高差闭合差调整计算表

点号	测段编号	距离/m	测站数/站	实测高差/m	改正数/mm	改正后高差/m	高程/m	点号	备注
$\sum$									
辅助计算	高差闭合差 $f_h=$ 容许闭合差 $f_{h容}=\pm12\sqrt{n}=$　　　　(mm)								

在下面填写疑难问题及模糊概念：

实验报告 3 水准仪的检验与校正

1. 一般检查

三脚架是否牢固		校正后情况	
制动及微动螺旋是否有效			
其他			

2. 圆水准器轴平行于竖轴

转 180°检验次数	气泡偏离情况/mm	校正后情况

3. 十字丝横丝垂直于竖轴

检验次数	误差情况	校正后情况
1		
2		

4. 视准轴应平行于水准管轴(i 角$=\Delta h/D_{AB} \cdot \rho$，$i$ 角应$\leqslant 20''$，其中 $\Delta h=a_2-a'_2$)

仪器在中点求正确高差		仪器在 B 点旁检验校正		
第一次	A 点尺上读数 a_1	第一次	B 点尺上读数 b_2	
	B 点尺上读数 b_1		A 点尺上读数 a_2	
	$h_1=a_1-b_1$		A 点尺上应读数 $a'_2=b_2+h_1$	
			视准轴偏上(或偏下)之数值 i 角	
第二次	A 点尺上读数 a_3	第二次	B 点尺上读数 b_4	
	B 点尺上读数 b_3		A 点尺上读数 a_4	
	$h_2=a_3-b_3$		A 点尺上应读数 $a'_4=b_4+h_2$	
			视准轴偏上(或偏下)之数值 i 角	
平均值	平均高差 $h=\frac{1}{2}(h_1+h_2)=$	校正后	B 点尺上读数 b	
			A 点尺上读数 a	
			A 点尺上应读数 $a'=b+h$	
			视准轴偏上(或偏下)之数值 i 角	

实验报告 4　经纬仪的构造与使用

1. 水平角观测记录

水平角观测手簿

测站	竖盘位置	目标	水平度盘读数			水平角值			备　注
			/(°)	/(′)	/(″)	/(°)	/(′)	/(″)	
O	左	*A*							
		B							
	右	*A*							
		B							
	左	*A*							
		B							
	右	*A*							
		B							

2. 试写出所用经纬仪照准起始目标，使水平度盘读数为 0°00′00″的操作步骤

3. 疑难问题备注

实验报告 5　水平角观测手簿(测回法)

测站	盘位	目标	水平度盘读数 /(° ′ ″)	半测回角值 /(° ′ ″)	一测回角值 /(° ′ ″)	各测回角值 /(° ′ ″)	备　注
O	左	A					
		B					
	右	A					
		B					
	左						
	右						
	左						
	右						
	左						
	右						
	左						
	右						
	左						
	右						

实验报告6 全圆方向法测量水平角

测站	目标	水平盘读数		2c	平均读数	一测回归零方向值	各测回平均方向值	角值
		盘左	盘右					
		/(° ′ ″)	/(° ′ ″)	/(′ ″)	/(° ′ ″)	/(° ′ ″)	/(° ′ ″)	/(° ′ ″)
1	2	3	4	5	6	7	8	9
O	第1测回							
	A							
	B							
	C							
	D							
	A							
	Δ							
O	第2测回							
	A							
	B							
	C							
	D							
	A							
	Δ							

实验报告 7　竖直角观测及竖盘指标差检验与校正

1. 写出竖直角计算公式

(1) 在盘左位置视线水平时,竖盘读数是_____,上仰望远镜读数是_____(增加或减少),所以 $\alpha=$_____。

(2) 在盘右位置视线水平时,竖盘读数是_____,上仰望远镜读数是_____(增加或减少),所以 $\alpha=$_____。

2. 将竖直角观测成果记入手簿

竖直角观测手簿

测站	目标	竖盘位置	竖盘读数 /(° ′ ″)	竖直角 /(° ′ ″)	平均竖直角 /(° ′ ″)	备　注
O	*A*	左				
		右				
	B	左				
		右				
		左				
		右				
		左				
		右				
		左				
		右				
		左				
		右				
		左				
		右				
		左				
		右				
		左				
		右				

3. 根据竖直角观测记录回答下列问题(填入括号中)

(1) 所用仪器有无指标差? (　　);是多少? (　　);在盘左测得的竖直角中加(　　)就能得到正确的竖直角。

(2) 在盘右位置,十字丝照准被观测过的目标,竖盘的应读数是多少? (　　)

(3) 校正前转动指标水准管微动螺旋,当读竖盘应读数时,该水准管气泡是否仍然居中? (　　);校正时拨什么部件使气泡居中? (　　)

实验报告 8　经纬仪检验与校正

1. 一般检查

三脚架是否牢固		螺旋洞等处是否清洁	
仪器转动是否灵活		望远镜成像是否清晰	
制动及微动螺旋是否有效		其他	

2. 水准管轴垂直于竖轴

检验(照准部转180°)次数	1	2	3	4	校正后
气泡偏离格数					

3. 十字丝竖丝垂直于横轴

检验次数	误差情况	校正后情况
1		
2		

4. 视准轴垂直于横轴($2c$ 差)1/4 法

检查	仪器	检查项目	横尺读数	校正后复查	检查项目	横尺读数
	位置 O	盘左 B_1			盘左 B_1	
	后视 A	盘右 B_2			盘右 B_2	
	倒转望远镜	B_2-B_1			B_2-B_1	
	前视 B	$(B_2-B_1)/4$			$(B_2-B_1)/4$	

5. 横轴垂直于竖轴

第一次检验	记录	第二次检验	记录
瞄准高点时的竖直角		瞄准高点时的竖直角	
仪器离墙面的距离		仪器离墙面的距离	
$P_1P_2=$		$P_1P_2=$	
P_1 在 P_2(左、右)		P_1 在 P_2(左、右)	

6. 竖盘指标差

目标	竖盘位置	竖盘读数	竖盘指标差	竖盘水平始读数
	左			$L_0=$
	右			$R_0=$

实验报告 9 距离丈量及磁方位角测定

1. 测量过程描述

2. 钢尺一般量距及磁方位角测定手簿

线段名称	观测次数	整尺段数 n	零尺段长度 l'/m	线段长度 D' $D'=ne+l'$/m	平均长度 D/m	精度 k	观测磁方位角 /(° ′)	平均磁方位角 /(° ′)
	往							
	返							
	往							
	返							
	往							
	返							
	往							
	返							
	往							
	返							

注：钢尺长度 $l=$_____(单位为 m)。

3. 疑难问题备注

实验报告 10 视距测量

仪器高 i=　　　　测站点高程：　　　　　　观测：　　　　记录：

| 测站 | 目标 | 竖盘位置 | 尺上读数 | | | 视距间隔 $l=a-b$ /m | 竖盘读数 /(°　′　″) | 竖直角 α /(°　′　″) | 水平距离 D /m | 初算高差 h' /m | 改正数 $i-v$ /m | 高差 h/m | 高程 /m |
			中丝 v	下丝 a	上丝 b								

疑难问题备注：

实验报告 11 经纬仪测绘法

碎部测量记录手簿

日期：　　　天气：　　　仪器号码：　　　立尺：　　　观测：　　　记录：　　　绘图：

测站：　　　后视：　　　仪器高 $i=$　　　水平读数 $L_0=$　　　测站点高程 $H_A=$

测点	水平角 /(° ′ ″)	下丝	上丝	kl	中丝	竖盘读数 /(° ′ ″)	竖直角 /(° ′ ″)	水平距离/m	高差 /m	高程 /m	备注

实验报告 12　点位测设的基本工作

1. 水平角测设

(1) 测设过程描述。

(2) 水平角测设手簿。

测站	设计角值 /(° ′ ″)	竖盘 位置	目标	水平度盘置数 /(° ′ ″)	测设略图	备　注
		左				
		右				此表精密测设 时反用盘左位置
		左				
		右				

(3) 水平角检测手簿。

测站	竖盘	目标	水平度盘置数 /(° ′ ″)	角值 /(° ′ ″)	平均角值 /(° ′ ″)	备　注

(4) 疑难问题备注。

2. 距离测设

(1) 测设过程描述。

(2) 距离测设手簿。

线名	设计距离 D/m	测设钢尺读数/m		精密检测距离 D'/m	距离改正数 $\Delta D = D' - D$ /mm	备注
		后端	前端			

(3) 距离检测手簿。

钢尺号码: 钢尺膨胀系数: 钢尺检定温度:

钢尺名义长度: 钢尺检定长度: 钢尺检定拉力:

尺段	次数	前尺读数 /m	后尺读数 /m	尺段长度 /m	温度改正数 /mm	高差改正数 /mm	尺长改正数 /mm	改正后尺段长度 /m	备注

(4) 疑难问题备注。

实验报告 13　高程测设及坡度线的测设

1. 高程测设

(1) 测设过程描述。

(2) 高程测设手簿。

测站	水准点号	水准点高程	后视	视线高	测点编号	设计高程	桩顶应读数	桩顶实读数	桩顶拖填数

(3) 高程检测手簿。

测站	水准点号	水准点高程	后视	视线高	测点编号	设计高程	检测高程	设计高程	测设误差

(4) 疑难问题备注。

2. 坡度线的测设

(1) 测设过程描述。

(2) 坡度线测设手簿。

线名：　　　　设计坡度：　　　　水准点高程：　　　　　$H_{水}=$

点号	后视 a	视线高 $H_{视}$	坡线设计高程 $H_{设}$	坡线读数 $b_{坡}$	桩顶读数 $b_{桩}$	挖填数 W	备　注
1	2	3	4	5	6	7	8

(3) 疑难问题备注。

实验报告 14　全站仪的认识与使用

测站点：　　　　仪器高：

后视点：

测站点已知坐标和高程($X_0=$　　　$Y_0=$　　　$H_0=$　　　)

后视点已知坐标和高程($X=$　　　$Y=$　　　)或定向方位角：

测点	测回	棱镜高 /m	竖盘位置	水平角观测		竖直角观测		距离高差测量			坐标测量		
				水平度盘读数 /(° ′ ″)	水平角角值 /(° ′ ″)	竖直度盘读数 /(° ′ ″)	竖直角 /(° ′ ″)	斜距 /m	平距 /m	高差 /m	X/m	Y/m	H/m

实验报告 15　导线测量内业坐标计算

日期：　　　计算：

点号	观测角 $l(°\ '\ '')$	改正数 $l(°\ '\ '')$	改正角 $l(°\ '\ '')$	坐标方位角 α $l(°\ '\ '')$	距离 D $/m$	增量计算值		改正后增量		坐标值		点号
						$\Delta x/m$	$\Delta y/m$	$\Delta x/m$	$\Delta y/m$	x/m	y/m	
$\sum$												示意图
辅助计算												

附录 E 测量放线实训成果报告表

指导老师：

系部：

班级：

小组：

姓名：

学号：

实训报告 1 双仪器高法闭合水准测量手簿

测站	测点	后视读数/m	前视读数/m	实测高差/m	平均高差/m

续表

测站	测点	后视读数/m	前视读数/m	实测高差/m	平均高差/m
辅助计算					

实训报告 2　闭合水准测量成果计算表

测点	站数	实测高差 /m	改正数 /mm	改正后高差 /m	高程 /m	测点
辅助计算						

实训报告 3 导线观测手簿

测站	盘位	目标	水平度盘读数 /(° ′ ″)	半测回角值 /(° ′ ″)	一测回角值 /(° ′ ″)	各测回角值 /(° ′ ″)	距离/m	
	左						边	—
							1	
	右						2	
							3	
	左						边	—
	右							
	左						边	—
	右							
	左						边	—
	右							
	左						边	—
	右							
	左						边	—
	右							
	左						边	—
	右							
	左						边	—
	右							

测站	盘位	目标	水平度盘读数/(° ′ ″)	半测回角值/(° ′ ″)	一测回角值/(° ′ ″)	各测回角值/(° ′ ″)	距离/m	
	左						边	—
	右							
	左						边	—
	右							
	左						边	—
	右							
	左						边	—
	右							
	左						边	—
	右							
	左						边	—
	右							
	左						边	—
	右							
	左						边	—
	右							

续表

测站	盘位	目标	水平度盘读数 /(° ′ ″)	半测回角值 /(° ′ ″)	一测回角值 /(° ′ ″)	各测回角值 /(° ′ ″)	距离/m	
	左						边	—
	右							
	左						边	—
	右							
	左						边	—
	右							
	左						边	—
	右							
	左						边	—
	右							
	左						边	—
	右							
	左						边	—
	右							
	左						边	—
	右							

续表

测站	盘位	目标	水平度盘读数 /(° ′ ″)	半测回角值 /(° ′ ″)	一测回角值 /(° ′ ″)	各测回角值 /(° ′ ″)	距离/m	
	左						边	—
	右							
	左						边	—
	右							
	左						边	—
	右							
	左						边	—
	右							
	左						边	—
	右							
	左						边	—
	右							
	左						边	—
	右							
	左						边	—
	右							

测站	盘位	目标	水平度盘读数 /(° ′ ″)	半测回角值 /(° ′ ″)	一测回角值 /(° ′ ″)	各测回角值 /(° ′ ″)	距离/m	
	左						边	—
	右							
	左						边	—
	右							
	左						边	—
	右							
	左						边	—
	右							
	左						边	—
	右							
	左						边	—
	右							
	左						边	—
	右							
	左						边	—
	右							

实训报告 4　导线计算成果表

日期：　　　　　　　　　　　　　　　　　　　　　　　　　　　　计算：

点号	观测角 /(° ′ ″)	改正数 /(° ′ ″)	改正角 /(° ′ ″)	坐标方位角 α /(° ′ ″)	距离 D /m	增量计算值		改正后增量		坐标值		点号
						Δx/m	Δy/m	Δx/m	Δy/m	x/m	y/m	
Σ												
辅助计算												

实训报告 5　全站仪定位放样

简述全站仪定位放线实习过程

实训报告6 全站仪坐标放样边角测量记录、计算表

测站	盘位	目标	读数 /(° ′ ″)	半测回角值 /(° ′ ″)	一测回角值 /(° ′ ″)	平差后角值 /(° ′ ″)	边长 观测值	边长 平均值	备注
								$AB=$	
								$BC=$	
								$CA=$	

三角形闭合差$\omega=$

改正数$-\omega/3=$

放样用时：

实训报告 7 测量放线实训总结

(800 字)

附：地形图粘贴处

参考文献

[1] 周建郑. 建筑工程测量[M]. 北京：化学工业出版社，2005.

[2] 郑持红. 建筑工程测量[M]. 重庆：重庆大学出版社，2008.

[3] 许光，王晓峰. 建筑工程测量[M]. 北京：中国电力出版社，2008.

[4] 中华人民共和国建设部. 工程测量规范(GB 50026—2007)[S]. 北京：中国计划出版社，2008.

[5] 北京市测绘设计研究院. 城市测量规范(CJJ/T 8—2011)[S]. 北京：中国建筑工业出版社，2012.

[6] 王云江. 建筑工程测量(含实习指导)[M]. 北京：中国计划出版社，2008.

[7] 张正禄. 工程测量学习题、课程设计和实习指导书[M]. 武汉：武汉大学出版社，2008.

[8] 秦根杰. 看图学施工测量技术[M]. 北京：机械工业出版社，2004.

[9] 李生平. 建筑工程测量[M]. 北京：高等教育出版社，2004.

[10] 吴洪强，陈武新. 测量学[M]. 哈尔滨：哈尔滨地图出版社，2004.

[11] 邓辉，刘玉珠. 土木工程测量[M]. 广州：华南理工大学出版社，2001.

北京大学出版社高职高专土建系列教材书目

序号	书 名	书 号	编著者	定价	出版时间	配套情况
		"互联网+" 创新规划教材				
1	建筑构造(第二版)	978-7-301-26480-5	肖 芳	42.00	2016.1	ppt/APP/二维码
2	建筑装饰构造(第二版)	978-7-301-26572-7	赵志文等	39.50	2016.1	ppt/二维码
3	建筑工程概论	978-7-301-25934-4	申淑荣等	40.00	2015.8	ppt/二维码
4	市政管道工程施工	978-7-301-26629-8	雷彩虹	46.00	2016.5	ppt/二维码
5	市政道路工程施工	978-7-301-26632-8	张雪丽	49.00	2016.5	ppt/二维码
6	建筑三维平法结构图集(第二版)	978-7-301-29049-1	傅华夏	68.00	2018.1	APP
7	建筑三维平法结构识图教程(第二版)	978-7-301-29121-4	傅华夏	68.00	2018.1	APP/ppt
8	建筑工程制图与识图(第2版)	978-7-301-24408-1	白丽红	34.00	2016.8	APP/二维码
9	建筑设备基础知识与识图(第2版)	978-7-301-24586-6	靳慧征等	47.00	2016.8	二维码
10	建筑结构基础与识图	978-7-301-27215-2	周 晖	58.00	2016.9	APP/二维码
11	建筑构造与识图	978-7-301-27838-3	孙 伟	40.00	2017.1	APP/二维码
12	建筑工程施工技术(第三版)	978-7-301-27675-4	钟汉华等	66.00	2016.11	APP/二维码
13	工程建设监理案例分析教程(第二版)	978-7-301-27864-2	刘志麟等	50.00	2017.1	ppt/二维码
14	建筑工程质量与安全管理(第二版)	978-7-301-27219-0	郑 伟	55.00	2016.8	ppt/二维码
15	建筑工程计量与计价——透过案例学造价(第2版)	978-7-301-23852-3	张 强	59.00	2014.4	ppt/二维码
16	城乡规划原理与设计(原城市规划原理与设计)	978-7-301-27771-3	谭婧婧等	43.00	2017.1	ppt/素材/二维码
17	建筑工程计量与计价	978-7-301-27866-6	吴育萍等	49.00	2017.1	ppt/二维码
18	建筑工程计量与计价(第3版)	978-7-301-25344-1	肖明和等	65.00	2017.1	APP/二维码
19	市政工程计量与计价(第三版)	978-7-301-27983-0	郭良娟等	59.00	2017.2	ppt/二维码
20	高层建筑施工	978-7-301-28232-8	吴俊臣	65.00	2017.4	ppt/答案
21	建筑施工机械(第二版)	978-7-301-28247-2	吴志强等	35.00	2017.5	ppt/答案
22	市政施工概论	978-7-301-28260-1	郭 福	46.00	2017.5	ppt/二维码
23	建筑工程测量(第二版)	978-7-301-28296-0	石 东等	51.00	2017.5	ppt/二维码
24	工程项目招投标与合同管理(第三版)	978-7-301-28439-1	周艳冬	44.00	2017.7	ppt/二维码
25	建筑制图(第三版)	978-7-301-28411-7	高丽荣	38.00	2017.7	ppt/APP/二维码
26	建筑制图习题集(第三版)	978-7-301-27897-0	高丽荣	35.00	2017.7	APP
27	建筑力学(第三版)	978-7-301-28600-5	刘明晖	55.00	2017.8	ppt/二维码
28	中外建筑史(第三版)	978-7-301-28689-0	袁新华等	42.00	2017.9	ppt/二维码
29	建筑施工技术(第三版)	978-7-301-28575-6	陈雄辉	54.00	2018.1	ppt/二维码
30	建筑工程经济(第三版)	978-7-301-28723-1	张宁宁等	36.00	2017.9	ppt/答案/二维码
31	建筑材料与检测	978-7-301-28232-9	陈玉萍	44.00	2017.10	ppt/二维码
32	建筑识图与构造	978-7-301-28876-4	林秋怡等	46.00	2017.11	ppt/二维码
32	建筑工程材料	978-7-301-28982-2	向积荣等	42.00	2018.1	ppt/二维码
33	建筑力学与结构(少学时版)(第二版)	978-7-301-29022-4	吴承霞等	46.00	2017.12	ppt/答案
34	建筑工程测量(第三版)	978-7-301-29113-9	张敬伟等	49.00	2018.1	ppt/答案/二维码
35	建筑工程测量实验与实训指导(第三版)	978-7-301-29112-2	张敬伟等	29.00	2018.1	答案/二维码
36	安装工程计量与计价(第四版)	978-7-301-16737-3	冯钢	59.00	2018.1	ppt/答案/二维码
37	建筑工程施工组织设计(第二版)	978-7-301-29103-0	鄢维峰等	37.00	2018.1	ppt/答案/二维码
38	建筑工程测量	978-7-301-28757-6	赵 昕	50.00	2018.1	ppt/二维码
39	建筑材料与检测(第2版)	978-7-301-25347-2	梅 杨等	35.00	2015.2	ppt/答案/二维码
40	建设工程监理概论 (第三版)	978-7-301-28832-0	徐锡权等	44.00	2018.2	ppt/答案/二维码
		"十二五" 职业教育国家规划教材				
1	★建筑工程应用文写作(第2版)	978-7-301-24480-7	赵立等	50.00	2014.8	ppt
2	★土木工程实用力学(第2版)	978-7-301-24681-8	马景善	47.00	2015.7	ppt
3	★建设工程监理(第2版)	978-7-301-24490-6	斯 庆	35.00	2015.1	ppt/答案
4	★建筑节能工程与施工	978-7-301-24274-2	吴明军等	35.00	2015.5	ppt
5	★建筑工程经济(第2版)	978-7-301-24492-0	胡六星等	41.00	2014.9	ppt/答案
6	★建设工程招投标与合同管理(第3版)	978-7-301-24483-8	宋春岩	40.00	2014.9	ppt/答案/试题/教案
7	★工程造价概论	978-7-301-24696-2	周艳冬	31.00	2015.1	ppt/答案
8	★建筑工程计量与计价(第3版)	978-7-301-25344-1	肖明和等	65.00	2017.1	APP/二维码
9	★建筑工程计量与计价实训(第3版)	978-7-301-25345-8	肖明和等	29.00	2015.7	
10	★建筑装饰施工技术(第2版)	978-7-301-24482-1	王 军	37.00	2014.7	ppt
11	★工程地质与土力学(第2版)	978-7-301-24479-1	杨仲元	41.00	2014.7	ppt
		基础课程				
1	建设法规及相关知识	978-7-301-22748-0	唐茂华等	34.00	2013.9	ppt

序号	书　名	书　号	编著者	定价	出版时间	配套情况
2	建设工程法规(第2版)	978-7-301-24493-7	皇甫婧琪	40.50	2014.8	ppt/答案/素材
3	建筑工程法规实务(第2版)	978-7-301-26188-0	杨陈慧等	49.50	2017.6	ppt
4	建筑法规	978-7-301-19371-6	董伟等	39.00	2011.9	ppt
5	建设工程法规	978-7-301-20912-7	王先恕	32.00	2012.7	ppt
6	AutoCAD 建筑制图教程(第2版)	978-7-301-21095-6	郭　慧	38.00	2013.3	ppt/素材
7	AutoCAD 建筑绘图教程(第2版)	978-7-301-24540-8	唐英敏等	44.00	2014.7	ppt
8	建筑CAD项目教程(2010版)	978-7-301-20979-0	郭　慧	38.00	2012.9	素材
9	建筑工程专业英语(第二版)	978-7-301-26597-0	吴承霞	24.00	2016.2	ppt
10	建筑工程专业英语	978-7-301-20003-2	韩薇等	24.00	2012.2	ppt
11	建筑识图与构造(第2版)	978-7-301-23774-8	郑贵超	40.00	2014.2	ppt/答案
12	房屋建筑构造	978-7-301-19883-4	李少红	26.00	2012.1	ppt
13	建筑识图	978-7-301-21893-8	邓志勇等	35.00	2013.1	ppt
14	建筑识图与房屋构造	978-7-301-22860-9	贠禄等	54.00	2013.9	ppt/答案
15	建筑构造与设计	978-7-301-23506-5	陈玉萍	38.00	2014.1	ppt/答案
16	房屋建筑构造	978-7-301-23588-1	李元玲等	45.00	2014.1	ppt
17	房屋建筑构造习题集	978-7-301-26005-0	李元玲	26.00	2015.8	ppt/答案
18	建筑构造与施工图识读	978-7-301-24470-8	南学平	52.00	2014.8	ppt
19	建筑工程识图实训教程	978-7-301-26057-9	孙　伟	32.00	2015.12	ppt
20	✐建筑工程制图与识图(第2版)	978-7-301-24408-1	白丽红	34.00	2016.8	APP/二维码
21	建筑制图习题集(第2版)	978-7-301-24571-2	白丽红	25.00	2014.8	
22	◎建筑工程制图(第2版)(附习题册)	978-7-301-21120-5	肖明和	48.00	2012.8	
23	建筑制图与识图(第2版)	978-7-301-24386-2	曹雪梅	38.00	2015.8	ppt
24	建筑制图与识图习题册	978-7-301-18652-7	曹雪梅等	30.00	2011.4	
25	建筑制图与识图(第二版)	978-7-301-25834-7	李元玲	32.00	2016.9	ppt
26	建筑制图与识图习题集	978-7-301-20425-2	李元玲	24.00	2012.3	ppt
27	新编建筑工程制图	978-7-301-21140-3	方筱松	30.00	2012.8	ppt
28	新编建筑工程制图习题集	978-7-301-16834-9	方筱松	22.00	2012.8	
	建筑施工类					
1	建筑工程测量	978-7-301-19992-3	潘益民	38.00	2012.2	ppt
2	建筑工程测量	978-7-301-13578-5	王金玲等	26.00	2008.5	
3	建筑工程测量实训(第2版)	978-7-301-24833-1	杨凤华	34.00	2015.3	答案
4	建筑工程测量	978-7-301-22485-4	景铎等	34.00	2013.6	ppt
5	建筑施工技术	978-7-301-12336-2	朱永祥等	38.00	2008.8	ppt
6	建筑施工技术	978-7-301-16726-7	叶雯等	44.00	2010.8	ppt/素材
7	建筑施工技术	978-7-301-19499-7	董伟等	42.00	2011.9	ppt
8	建筑施工技术	978-7-301-19997-8	苏小梅	38.00	2012.1	ppt
9	建筑施工机械	978-7-301-19365-5	吴志强	30.00	2011.10	ppt
10	基础工程施工	978-7-301-20917-2	董伟等	35.00	2012.7	ppt
11	建筑施工技术实训(第2版)	978-7-301-24368-8	周晓龙	30.00	2014.7	
12	土木工程力学	978-7-301-16864-6	吴明军	38.00	2010.4	ppt
13	PKPM软件的应用(第2版)	978-7-301-22625-4	王　娜等	34.00	2013.6	
14	◎建筑结构(第2版)(上册)	978-7-301-21106-9	徐锡权	41.00	2013.4	ppt/答案
15	◎建筑结构(第2版)(下册)	978-7-301-22584-4	徐锡权	42.00	2013.6	ppt/答案
16	建筑结构学习指导与技能训练(上册)	978-7-301-25929-0	徐锡权	28.00	2015.8	ppt
17	建筑结构学习指导与技能训练(下册)	978-7-301-25933-7	徐锡权	28.00	2015.8	ppt
18	建筑结构	978-7-301-19171-2	唐春平等	41.00	2011.8	ppt
19	建筑结构基础	978-7-301-21125-0	王中发	36.00	2012.8	ppt
20	建筑结构原理及应用	978-7-301-18732-6	史美东	45.00	2012.8	ppt
21	建筑结构与识图	978-7-301-26935-0	相秉志	37.00	2016.2	
22	建筑力学与结构(第2版)	978-7-301-22148-8	吴承霞等	49.00	2013.4	ppt/答案
23	建筑力学与结构	978-7-301-20988-2	陈水广	32.00	2012.8	ppt
24	建筑力学与结构	978-7-301-23348-1	杨丽君等	44.00	2014.1	ppt
25	建筑结构与施工图	978-7-301-22188-4	朱希文等	35.00	2013.3	ppt
26	生态建筑材料	978-7-301-19588-2	陈剑峰等	38.00	2011.10	ppt
27	建筑材料(第2版)	978-7-301-24633-7	林祖宏	35.00	2014.8	ppt
28	建筑材料检测试验指导	978-7-301-16729-8	王美芬等	18.00	2010.10	
29	建筑材料与检测(第二版)	978-7-301-26550-5	王　辉	40.00	2016.1	ppt
30	建筑材料与检测试验指导(第二版)	978-7-301-28471-1	王　辉	23.00	2017.7	ppt
31	建筑材料选择与应用	978-7-301-21948-5	申淑荣等	39.00	2013.3	ppt
32	建筑材料检测实训	978-7-301-22317-8	申淑荣等	24.00	2013.4	
33	建筑材料	978-7-301-24208-7	任晓菲	40.00	2014.7	ppt/答案
34	建筑材料检测试验指导	978-7-301-24782-2	陈东佐等	20.00	2014.9	ppt
35	◎建设工程监理概论(第2版)	978-7-301-20854-0	徐锡权等	43.00	2012.8	ppt/答案
36	建设工程监理概论	978-7-301-15518-9	曾庆军等	24.00	2009.9	ppt

序号	书 名	书 号	编著者	定价	出版时间	配套情况
37	◎地基与基础(第2版)	978-7-301-23304-7	肖明和等	42.00	2013.11	ppt/答案
38	地基与基础	978-7-301-16130-2	孙平平等	26.00	2010.10	ppt
39	地基与基础实训	978-7-301-23174-6	肖明和等	25.00	2013.10	ppt
40	土力学与地基基础	978-7-301-23675-8	叶火炎等	35.00	2014.1	ppt
41	土力学与基础工程	978-7-301-23590-4	宁培淋等	32.00	2014.1	ppt
42	土力学与地基基础	978-7-301-25525-4	陈东后	45.00	2015.2	ppt/答案
43	建筑工程质量事故分析(第2版)	978-7-301-22467-0	郑文新	32.00	2013.9	ppt
44	建筑工程施工组织设计	978-7-301-18512-4	李源清	26.00	2011.2	ppt
45	建筑工程施工组织实训	978-7-301-18961-0	李源清	40.00	2011.6	ppt
46	建筑施工组织与进度控制	978-7-301-21223-3	张廷瑞	36.00	2012.9	ppt
47	建筑施工组织项目式教程	978-7-301-19901-5	杨红玉	44.00	2012.1	ppt/答案
48	钢筋混凝土工程施工与组织	978-7-301-19587-1	高 雁	32.00	2012.5	ppt
49	钢筋混凝土工程施工与组织实训指导(学生工作页)	978-7-301-21208-0	高 雁	20.00	2012.9	ppt
50	建筑施工工艺	978-7-301-24687-0	李源清等	49.50	2015.1	ppt/答案
		工程管理类				
1	建筑工程经济	978-7-301-24346-6	刘晓丽等	38.00	2014.7	ppt/答案
2	施工企业会计(第2版)	978-7-301-24434-0	辛艳红等	36.00	2014.7	ppt/答案
3	建筑工程项目管理(第2版)	978-7-301-26944-2	范红岩等	42.00	2016.3	ppt
4	建设工程项目管理(第二版)	978-7-301-24683-2	王 辉	36.00	2014.9	ppt/答案
5	建设工程项目管理(第2版)	978-7-301-28235-9	冯松山等	45.00	2017.6	ppt
6	建筑施工组织与管理(第2版)	978-7-301-22149-5	翟丽旻等	43.00	2013.4	ppt/答案
7	建设工程合同管理	978-7-301-22612-4	刘庭江	46.00	2013.6	ppt/答案
8	建筑工程资料管理	978-7-301-17456-2	孙 刚等	36.00	2012.9	ppt
9	建筑工程招投标与合同管理	978-7-301-16802-8	程超胜	30.00	2012.9	ppt
10	工程招投标与合同管理实务	978-7-301-19035-7	杨甲奇等	48.00	2011.8	ppt
11	工程招投标与合同管理实务	978-7-301-19290-0	郑文新等	43.00	2011.8	ppt
12	建设工程招投标与合同管理实务	978-7-301-20404-7	杨云会等	42.00	2012.4	ppt/答案/习题
13	工程招投标与合同管理	978-7-301-17455-5	文新平	37.00	2012.9	ppt
14	工程项目招投标与合同管理(第2版)	978-7-301-24554-5	李洪军等	42.00	2014.8	ppt/答案
15	建筑工程商务标编制实训	978-7-301-20804-5	钟振宇	35.00	2012.7	ppt
17	建筑工程安全管理(第2版)	978-7-301-25480-6	宋 健等	42.00	2015.8	ppt/答案
18	施工项目质量与安全管理	978-7-301-21275-2	钟汉华	45.00	2012.10	ppt/答案
19	工程造价控制(第2版)	978-7-301-24594-1	斯 庆	32.00	2014.8	ppt/答案
20	工程造价管理(第二版)	978-7-301-27050-9	徐锡权等	44.00	2016.5	ppt
21	工程造价控制与管理	978-7-301-19366-2	胡新萍等	30.00	2011.11	ppt
22	建筑工程造价管理	978-7-301-20360-6	柴 琦等	27.00	2012.3	ppt
23	建筑工程造价管理	978-7-301-15517-2	李茂英等	24.00	2009.9	
24	工程造价案例分析	978-7-301-22985-9	甄 凤	30.00	2013.8	ppt
25	建设工程造价控制与管理	978-7-301-24273-5	胡芳珍等	38.00	2014.6	ppt/答案
26	◎建筑工程造价	978-7-301-21892-1	孙咏梅	40.00	2013.2	ppt
27	建筑工程计量与计价	978-7-301-26570-3	杨建林	46.00	2016.1	ppt
28	建筑工程计量与计价综合实训	978-7-301-23568-3	龚小兰	28.00	2014.1	
29	建筑工程估价	978-7-301-22802-9	张 英	43.00	2013.8	ppt
30	安装工程计量与计价(第3版)	978-7-301-24539-2	冯 钢等	54.00	2014.8	ppt
31	安装工程计量与计价综合实训	978-7-301-23294-1	成春燕	49.00	2013.10	素材
32	建筑安装工程计量与计价	978-7-301-26004-3	景巧玲等	56.00	2016.1	ppt
33	建筑安装工程计量与计价实训(第2版)	978-7-301-25683-1	景巧玲等	36.00	2015.7	
34	建筑水电安装工程计量与计价(第二版)	978-7-301-26329-7	陈连姝	51.00	2016.1	ppt
35	建筑与装饰装修工程工程量清单(第2版)	978-7-301-25753-1	翟丽旻等	36.00	2015.5	ppt
36	建筑工程清单编制	978-7-301-19387-7	叶晓容	24.00	2011.8	ppt
37	建设项目评估(第二版)	978-7-301-28708-8	高志云等	38.00	2017.9	ppt
38	钢筋工程清单编制	978-7-301-20114-5	贾莲英	36.00	2012.2	ppt
39	混凝土工程清单编制	978-7-301-20384-2	顾 娟	28.00	2012.5	ppt
40	建筑装饰工程预算(第2版)	978-7-301-25801-9	范菊雨	44.00	2015.7	ppt
41	建筑装饰工程计量与计价	978-7-301-20055-1	李茂英	42.00	2012.2	ppt
42	建设工程安全监理	978-7-301-20802-1	沈万岳	28.00	2012.7	ppt
43	建筑工程安全技术与管理实务	978-7-301-21187-8	沈万岳	48.00	2012.9	ppt
44	工程造价管理(第2版)	978-7-301-28269-4	曾 浩等	38.00	2017.5	ppt/答案
		建筑设计类				
1	◎建筑室内空间历程	978-7-301-19338-9	张伟孝	53.00	2011.8	
2	建筑装饰CAD项目教程	978-7-301-20950-9	郭 慧	35.00	2013.1	ppt/素材
3	建筑设计基础	978-7-301-25961-0	周圆圆	42.00	2015.7	

序号	书 名	书 号	编著者	定价	出版时间	配套情况
4	室内设计基础	978-7-301-15613-1	李书青	32.00	2009.8	ppt
5	建筑装饰材料(第2版)	978-7-301-22356-7	焦 涛等	34.00	2013.5	ppt
6	设计构成	978-7-301-15504-2	戴碧锋	30.00	2009.8	ppt
7	基础色彩	978-7-301-16072-5	张 军	42.00	2010.4	
8	设计色彩	978-7-301-21211-0	龙黎黎	46.00	2012.9	ppt
9	设计素描	978-7-301-22391-8	司马金桃	29.00	2013.4	ppt
10	建筑素描表现与创意	978-7-301-15541-1	于修国	25.00	2009.8	
11	3ds Max 效果图制作	978-7-301-22870-8	刘 晗等	45.00	2013.7	ppt
12	3ds max 室内设计表现方法	978-7-301-17762-4	徐海军	32.00	2010.9	
13	Photoshop 效果图后期制作	978-7-301-16073-2	脱忠伟等	52.00	2011.1	素材
14	3ds Max & V-Ray建筑设计表现案例教程	978-7-301-25093-8	郑恩峰	40.00	2014.12	ppt
15	建筑表现技法	978-7-301-19216-0	张 峰	32.00	2011.8	ppt
16	建筑速写	978-7-301-20441-2	张 峰	30.00	2012.4	
17	建筑装饰设计	978-7-301-20022-3	杨丽君	36.00	2012.2	ppt/素材
18	装饰施工读图与识图	978-7-301-19991-6	杨丽君	33.00	2012.5	ppt
	规 划 园 林 类					
1	居住区景观设计	978-7-301-20587-7	张群成	47.00	2012.5	ppt
2	居住区规划设计	978-7-301-21031-4	张 燕	48.00	2012.8	ppt
3	园林植物识别与应用	978-7-301-17485-2	潘利等	34.00	2012.9	ppt
4	园林工程施工组织管理	978-7-301-22364-2	潘利等	35.00	2013.4	ppt
5	园林景观计算机辅助设计	978-7-301-24500-2	于化强等	48.00	2014.8	ppt
6	建筑·园林·装饰设计初步	978-7-301-24575-0	王金贵	38.00	2014.10	ppt
	房 地 产 类					
1	房地产开发与经营(第2版)	978-7-301-23084-8	张建中等	33.00	2013.9	ppt/答案
2	房地产估价(第2版)	978-7-301-22945-3	张 勇等	35.00	2013.9	ppt/答案
3	房地产估价理论与实务	978-7-301-19327-3	褚菁晶	35.00	2011.8	ppt/答案
4	物业管理理论与实务	978-7-301-19354-9	裴艳慧	52.00	2011.9	ppt
5	房地产测绘	978-7-301-22747-3	唐春平	29.00	2013.7	ppt
6	房地产营销与策划	978-7-301-18731-9	应佐萍	42.00	2012.8	ppt
7	房地产投资分析与实务	978-7-301-24832-4	高志云	35.00	2014.9	ppt
8	物业管理实务	978-7-301-27163-6	胡大见	44.00	2016.6	
9	房地产投资分析	978-7-301-27529-0	刘永胜	47.00	2016.9	ppt
	市 政 与 路 桥					
1	市政工程施工图案例图集	978-7-301-24824-9	陈亿琳	43.00	2015.3	pdf
2	市政工程计价	978-7-301-22117-4	彭以舟等	39.00	2013.3	ppt
3	市政桥梁工程	978-7-301-16688-8	刘 江等	42.00	2010.8	ppt/素材
4	市政工程材料	978-7-301-22452-6	郑晓国	37.00	2013.5	ppt
5	道桥工程材料	978-7-301-21170-0	刘水林等	43.00	2012.9	ppt
6	路基路面工程	978-7-301-19299-3	偶昌宝等	34.00	2011.8	ppt/素材
7	道路工程技术	978-7-301-19363-1	刘 雨等	33.00	2011.12	ppt
8	城市道路设计与施工	978-7-301-21947-8	吴颖峰	39.00	2013.1	ppt
9	建筑给排水工程技术	978-7-301-25224-6	刘 芳等	46.00	2014.12	ppt
10	建筑给水排水工程	978-7-301-20047-6	叶巧云	38.00	2012.2	ppt
11	市政工程测量(含技能训练手册)	978-7-301-20474-0	刘宗波等	41.00	2012.5	ppt
12	公路工程任务承揽与合同管理	978-7-301-21133-5	邱 兰等	30.00	2012.9	ppt/答案
13	数字测图技术应用教程	978-7-301-20334-7	刘宗波	36.00	2012.8	ppt
14	数字测图技术	978-7-301-22656-8	赵 红	36.00	2013.6	ppt
15	数字测图技术实训指导	978-7-301-22679-7	赵 红	27.00	2013.6	ppt
16	水泵与水泵站技术	978-7-301-22510-3	刘振华	40.00	2013.5	ppt
17	道路工程测量(含技能训练手册)	978-7-301-21967-6	田树涛等	45.00	2013.2	ppt
18	道路工程识图与 AutoCAD	978-7-301-26210-8	王容玲等	35.00	2016.1	ppt
	交 通 运 输 类					
1	桥梁施工与维护	978-7-301-23834-9	梁 斌	50.00	2014.2	ppt
2	铁路轨道施工与维护	978-7-301-23524-9	梁 斌	36.00	2014.1	ppt
3	铁路轨道构造	978-7-301-23153-1	梁 斌	32.00	2013.10	ppt
4	城市公共交通运营管理	978-7-301-24108-0	张洪满	40.00	2014.5	ppt
5	城市轨道交通车站行车工作	978-7-301-24210-0	操 杰	31.00	2014.7	ppt
6	公路运输计划与调度实训教程	978-7-301-24503-3	高福军	31.00	2014.7	ppt/答案
	建 筑 设 备 类					
1	建筑设备识图与施工工艺(第2版)(新规范)	978-7-301-25254-3	周业梅	44.00	2015.12	ppt
2	建筑施工机械	978-7-301-19365-5	吴志强	30.00	2011.10	ppt
3	智能建筑环境设备自动化	978-7-301-21090-1	余志强	40.00	2012.8	ppt
4	流体力学及泵与风机	978-7-301-25279-6	王 宁等	35.00	2015.1	ppt/答案

注：🖱为"互联网+"创新规划教材；★为"十二五"职业教育国家规划教材；◎为国家级、省级精品课程配套教材，省重点教材。相关教学资源如电子课件、习题答案、样书等可通过以下方式联系我们。
联系方式：010-62756290，010-62750667，85107933@qq.com，pup_6@163.com，欢迎来电咨询。